DECIPHERING SCIENCE SERIES
破译科学系列

王志艳◎主编

解码造纸术

科学是永无止境的
它是个永恒之谜
科学的真理源自不懈的探索与追求
只有努力找出真相，才能还原科学本身

延边大学出版社

图书在版编目（CIP）数据

解码造纸术 / 王志艳主编. —延吉：延边大学出
版社，2012.7（2021.6 重印）
（破译科学系列）
ISBN 978-7-5634-3859-4

Ⅰ．①解… Ⅱ．①王… Ⅲ．①造纸工业－技术史－中
国－古代－普及读物 Ⅳ．① TS7-092

中国版本图书馆 CIP 数据核字（2012）第 160928 号

解码造纸术

编　　著：王志艳
责任编辑：李东哲
封面设计：映像视觉
出版发行：延边大学出版社
社　　址：吉林省延吉市公园路 977 号　邮编：133002
电　　话：0433-2732435　传真：0433-2732434
网　　址：http://www.ydcbs.com
印　　刷：永清县晔盛亚胶印有限公司
开　　本：16K　165×230 毫米
印　　张：12 印张
字　　数：200 千字
版　　次：2012 年 7 月第 1 版
印　　次：2021 年 6 月第 3 次印刷
书　　号：ISBN 978-7-5634-3859-4
定　　价：38.00 元

　　造纸术是中国古代举世闻名的四大发明之一，它的发明距今已有1900多年的历史。造纸术的发明和发展以及在亚、非、欧、美等各地的广为传播，对世界文化和经济发展起到了巨大的推动作用，对人类文明和社会生产力的提高作出了卓越的贡献。

　　造纸工业发展水平的高低是一个国家或地区经济实力的具体体现。随着我国经济的飞速发展，中国造纸工业也迈上了一个新的台阶，同时带动了相关产业的发展，成为国民经济建设中的一支重要力量。

　　那么，你知道我国最早的纸是用什么原料做成的吗，蔡伦真是纸的发明者吗，古代有哪些造纸技术、今人又是怎样造纸的呢，你了解新闻纸的制造方法吗，你知道宣纸的发明过程吗，造一吨纸要用多少棵树你知道吗？

　　……

　　为了让更多的人尤其青少年了解造纸相关知识，我们组织编写了这本书。本书摆脱了以往那种枯燥乏味、晦涩难懂、呆板平直、味如嚼蜡的叙述方式，而是以细腻生动的笔触、简洁明了的叙述，深入浅出地将与造纸有关的各方面知识呈现出来，更适合大众尤其青少年的阅读习惯。

　　本书在编写过程中，参考了大量相关著述，在此谨致诚挚谢意。此外，由于时间仓促加之水平有限，书中存在纰漏和错误之处自是难免，恳请各界人士予以批评指正，以利再版时修正。

目录
CONTENTS

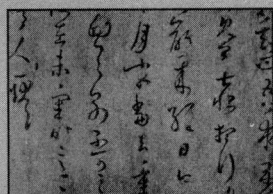

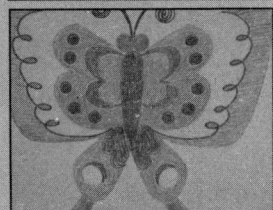

目录
CONTENTS

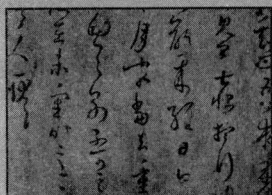

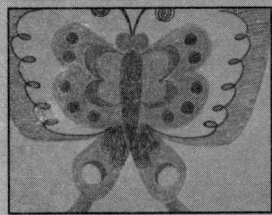

造纸术是什么时候发明的

　　造纸术是中国四大发明之一，人类文明史上的一项杰出的发明创造。中国是世界上最早养蚕织丝的国家。古人以上等蚕茧抽丝织绸，剩下的恶茧、病茧等则用来漂絮法制取丝绵。漂絮完毕，篾席上会遗留一些残絮。当漂絮的次数多了，篾席上的残絮便积成一层纤维薄片，经晾干之后剥离下来，可用于书写。这种漂絮的副产物数量不多，在古书上称它为赫蹏或方絮。这表明了中国造纸术的起源同丝絮有着渊源关系。

　　根据考古发现，西汉时期（公元前206~前8），我国已经有了麻质纤维纸。西汉初年，政治稳定，思想文化十分活跃，对传播工具的需求旺盛，纸作为新的书写材料应运而生。许慎著《说文解字》，成书于100年。谈到"纸"的来源。他说："'纸'从系旁，也就是'丝'旁。"这句话是说当时的纸主要是用绢丝类物品制成，与现在意义上的纸是完全不同的。许慎认为纸是丝絮在水中经过打击而留在床席上的薄片。这种薄片可能是最原始的"纸"，有人把这种"纸"称为"赫蹏"。这可能是纸发明的一个前奏，关于这种"纸"的记载，可以追溯到西汉成帝元延元年（公元前12）。

△ 西汉时期已经出现早期的植物纤维纸，但比较粗糙，书写不方便。

《汉书·赵皇后传》中记录了成帝妃曹伟能生皇子，遭皇后赵飞燕姐妹的迫害，她们送给曹伟能的毒药就是用"赫蹄"纸包裹，"纸"上写："告伟能，努力饮此药！不可复入，汝自知之！"由此推测纸可能与丝有一定关系。

远古以来，中国人就已经懂得养蚕、缫丝。秦汉之际以次茧做丝绵的手工业十分普及。这种处理次茧的方法称为漂絮法，操作时的基本要点包括：反复捶打，以捣碎蚕衣。这一技术后来发展成为造纸中的打浆。此外，中国古代常用石灰水或草木灰水为丝麻脱胶，这种技术也给造纸中为植物纤维脱胶以启示。纸张就是借助这些技术发展起来的。

从迄今为止的考古发现来看，造纸术的发明不晚于西汉初年。最早出土的西汉古纸是1933年在新疆罗布淖尔古烽燧亭中发现的，年代不晚于公元前49年。

1957年5月，在陕西省西安市灞桥出土的古纸经过科学分析鉴定，为西汉麻纸，年代不晚于公元前118年。1973年，在甘肃居延肩水金关发现了不晚于公元前52年的两块麻纸，暗黄色，质地较粗糙。

1978年，在陕西扶风中延村出土了西汉宣帝时期（公元前73~前49年）的三张麻纸；1979年，在甘肃敦煌县马圈湾西汉烽燧遗址出土了五件八片西汉麻纸。1986年，甘肃天水放马滩出土的西汉文帝时期（公元前179~前141年）的纸质地图残片，表明了当时的纸可供写绘之用。从上述西汉出土的纸的质量来看，西汉初年的造纸技术已基本成熟。

历史上关于汉代的造纸技术的文献资料很少，因此难以了解其完整、详细的工艺流程。后人虽有推测，也只能作为参考之用。总体来看，造纸技术环节众多，因此必然有一个发展和演进的过程，绝非一人之功。它是我国劳动人民长期经验的积累和智慧的结晶。

造纸术究竟是谁发明的

　　长期以来，人们一直认为造纸术是东汉宦官蔡伦发明的。主要依据是《后汉书·蔡伦传》的记载。书上说："自古书契多编以竹简，其用缣帛（即按书写需要裁好的丝织品）者谓之为纸。缣贵而简重，并不便于人。伦乃造诣（发明、创造）用树肤、麻头及敝布。渔网以为纸。元兴元年，奏上之。帝善其能，自是莫不从用焉，故天下咸称'蔡侯纸'。"因此，后来的一些中外著作，都据以尊东汉时代的蔡伦是纸的发明者，把他向汉和帝刘肇献纸的105年，作为纸的诞生年份。

　　但自从1933年，已故考古学家黄文弼在新疆罗布淖尔地区发现了一片西汉中叶古纸后，对造纸术的发明问题产生了不同的看法。1957年5月8日，在陕西省西安市郊灞桥砖瓦厂工地古墓中又发现了成沓的古纸残片88片。这成叠古纸垫在三面铜镜下面，垫得很厚，虽然已成碎片，但边没有完全腐烂。这一发现，更引起了研究者的兴趣。经考古学家考证，认为这一墓葬不会晚于公元前118，因此灞桥纸的年代也可大致确定在公元前118年以前。这个时间比蔡伦造纸的年代要早200多年。另外，1973～1974年，在甘肃汉居延遗址又发掘出两张西汉后期的麻纸。这里特别需要指出的是，

△ 蔡伦

1986年6～9月，甘肃省考古研究所考古工作者在天水马滩西汉墓内发掘了一张地质地图，此纸长5.5厘米，宽2.6厘米。这个最新发现的西汉纸质地图是目前所知道的最早的纸张实物。这些都有力地证明了中国古代在西汉初期就发明了可用于书写和绘画的纸。

除此以外，在史籍里，早在蔡伦以前，也有一些关于纸的记载。如《三辅旧事》上曾说：卫太子刘据鼻子很大，汉武帝不喜欢他。江充给他出了个主意，教他再去见武帝时"当持纸蔽其鼻"。太子听从了江充的话，用纸将鼻子掩盖住，进宫去见皇帝。汉武帝大怒。此事发生在公元前91年。又如《汉书·赵皇后传》记载：汉武宠妃赵飞燕的妹妹赵昭仪要害死后宫女官曹伟能，就派人送去毒药和一封"赫蹄书"，逼曹伟能自杀。据东汉人应劭解释，"赫蹄"即"薄小纸也"（后来称为丝棉纸）。再如《后汉书·贾逵传》说，公元76年汉章帝令贾逵选二十人教以《左氏传》，并"给简、纸经传各一通"。以上有关纸的文献记载，都早于105年，即蔡伦向汉和帝献纸的那一年。

△ 蔡伦雕像

持否定造纸术是蔡伦发明者的人认为，发明造纸术的是西汉劳动人民。东汉劳动人民在继承西汉造纸技术后，又有所改进、发展和提高。至和帝时，尚方令（职掌管理皇室工场、负责监造各种器械）蔡伦组织少府尚方作坊充足的人力、物力，监制出一批精工于前世的良纸，于元兴元年奏上，经推广后，"自是天下莫不从用焉"，这是争论中的一种意见。

　　另一种意见则坚持认为，蔡伦是我国造纸术的发明者，理由是"根据汉代许慎《说文解字》中有关纸的解释，在蔡伦之前古代文献中所提到的纸，都是丝质纤维所造的，实际上不是纸，只是漂丝的副产品，自古至今要造成一张中国式的植物纤维纸，一般都要经过剪切、沤煮、打浆、悬浮、抄造、定型干燥等基本操作。而灞桥纸不是真正意义上的纸。理由是，从外观看，其纸脑松弛，纸面粗糙，厚薄相差悬殊。经过实体显微镜和扫描电子显微镜观察，发现绝大多数纤维和纤维束都较长，说明它的切断程度较差，是由纤维自然堆积而成，没有经过剪切、打浆等造纸的基本操作过程，不能算真正的纸。或许只是沤过的纺织品下脚料，如乱麻。线头等纤维的堆积物，由于长年垫衬在古墓的铜镜之下，受镜身重量的压力而形成的片状。此外，其余几种所谓西汉古纸，也都是十分粗糙，充其量不过是纸的雏形。蔡伦及其工匠们在前人漂絮和制造雏形纸的基础上总结提高，从原料和工艺上把纸的生产抽调到一个独立行业的阶段，用于书写。诚然，"蔡伦纸"不会是蔡伦一手制作，但没有他的"造诣"，单凭尚方工匠也制造不出这种植物纤维纸来。因此，即使在雏形纸出土的今天，把蔡伦评作为我国造纸术的发明者或代表人物仍然是正确的，是有充分历史根据的。

　　另外，《后汉书》中有关蔡伦造纸的记载主要取自刘珍的《东观汉记》。刘珍和蔡伦是同时代的人，应为可信。从记载中可知，蔡侯纸既能进贡皇帝，又能代替缣帛用作书写，纸质必定达到一定水平。

　　有些学者还认为，灞桥纸是不是西汉的产品，也值得进一步考证。他们提出的理由是：在墓葬人的生活时代未能确切查明以前，很难对古纸的生产年代作出令人信服的科学判断。何况该墓葬有扰土层，曾受外来干扰，不能排除后代人夹带进来的可能性；同是汉墓的长马王堆，若无其事那样完好，墓主有姓名可查，史料可靠，出土文物如此丰富，但除了千百根简策和丝织古纸帛画，并无一片麻纸。有的研究者还从出土的灞桥纸上辨认出上面留有与正楷体相仿的字迹，酷似新疆出土的东晋写本《三国志·孙权传》上的字体，据此认为灞桥纸可能是晋代的产品。

　　针对企图否定蔡伦是造纸术发明人，否定中华人民共和国是造纸的发明国的歪风，1990年8月18～22日，在比利时马尔梅迪举行的国际造纸历史协会第20届代表大会一致认定，蔡伦是造纸术的伟大发明家，中华人民共和国是造纸的发明国。据洛阳市地方史志编委会石建厚同志考证。位于洛阳汉魏故城近郊的缑氏（今本魏书注："纸氏"作"缑氏"，马涧河流经缑氏）那一段河流古时为"造纸河"，沿岸原有"造纸河碑刻"，今已失损。

据史书记载：汉和帝曾到缑氏巡视过，有可能是参观这里的造纸作坊和纸庄（现分前纸庄和后纸庄，位于洛阳汉魏故城东约2000米，面临洛河）很可能是汉代造纸作坊所在地。这两个地方，附近有造纸需要的优越的地理环境，有比较丰富的造纸资源（如麻、楮林等）。

近年来，在其附近的汉代墓葬中，发现有数百块形状各异的空心砖，砖的规格为长140～169公分，宽52～70公分，厚14～17公分，既有不同的砖孔，又有不同的榫口，如同现代建筑的预制构件，像是按一定程序装配的。汉代造纸的焙干体是什么样式，史书上没有记载。但明宋应星《天工开物》中说，"焙纸先以砖砌成夹巷。用砖盖夹巷，火薪从头穴烧发热，湿纸逐张贴上焙干，揭起成帙"相对照，这些特制的大型空心砖很可能是汉代用于修筑纸焙干体的原材料。在这些出土的大型空心砖的砖面上，绘制有很多楮树、木芙蓉、扶桑的图案，这些树皮都是造纸原料，很可能反映了当时造纸的现实。如果我们按照空心砖孔、榫口、传热程序来研究恢复造纸所用的焙干体，将会使研究汉代造纸工艺取得新的突破。

蔡伦的故事

蔡伦生活在东汉和帝时候，桂阳人（现在的湖南耒阳一带）。据说，蔡伦从小到皇宫里做太监，担任职位较低的职务——小黄门，后来得到汉和帝的信任，被提升为中常侍，参与国家的机密大事。此外，他还做过管理宫廷用品的官——尚方令，监督工匠为皇室制造宝剑和其他各种器械，得以经常和工匠们接触。劳动人民的精湛技术和创造精神，给了他很大的影响。

当时，蔡伦看到大家写字很不方便，竹简和木简太笨重，丝帛太贵，丝绵纸不可能大量生产，都有缺点。于是，他就研究改进造纸的方法。

蔡伦总结了前人造纸的经验，带领工匠们用树皮、麻头、破布和破渔网等原料来造纸。他们先把树皮、麻头、破布和破渔网等东西剪碎或切断，放在水里浸渍相当时间，再捣烂成浆状物，还可能经过蒸煮，然后在席子上摊成薄片，放在太阳底下晒干，这样就变成纸了。

用这种方法造出来的纸，体轻质薄，很适合写字，受到了人们的欢迎。东汉元兴元年（105），蔡伦把这个重大的成就报告了汉和帝。从此，蔡伦改进的造纸方法得以广泛推广。

在蔡伦以后，别人又不断对其改进。蔡伦死后大约八十年（东汉末年）又出了一位造纸能手，名叫左伯。他造出来的纸厚薄均匀，质地细密，色泽鲜明。当时人们称这种纸为"左伯纸"。只是左伯所用的原料和制造方法没有被记载下来。

竹简是怎样产生的

竹简是战国至魏晋时代的书写材料。是削制成的狭长竹片（也有木片），竹片称简，木片称札或牍，统称为简，现在一般说竹简。均用毛笔墨书；字写错了，涂改便只能用小刀刮去重写，写成文的竹简还需用绳子或牛皮条将其按顺序编串起来。册的长度，如写诏书律令的长三尺（约67.5cm），抄写经书的长二尺四寸（约56cm），民间写书信的长一尺（约23cm）。在湖南长沙、湖北荆州、山东临沂和西北地区如敦煌、居延、武威等地都有过重要发现，其中居延出土过编缀成册的东汉文书。

早期的文字刻在甲骨和钟鼎上，由于其材料的局限，难以广泛的传播，所以直至殷商时期，掌握文字的仍只有上层社会的百余人，这极大地限制了文化和思想的传播，这一切直到竹简的出现才得改变。

竹简多用竹片制成，每片写字一行，将一篇文章的所有竹片编联起来，称为简牍。这是我国古代最早的书籍形式，用于书写文字的木片称木牍，多用于书写短文。

简牍起源于西周，春秋战国时使用更广。公元4世纪左右，由于纸已广泛使用，简牍才逐渐为纸抄本所代替。

竹简最著名的考古有：

△ 竹简

279年，晋朝汲郡人从战国时魏襄王的陵墓中，一次发掘到写有文字的竹简数十车。

1953年7月，湖南长沙仰天湖古墓出土竹简42支，最长的22厘米，宽1.2厘米，篆文，每简2～10字，为战国之物。

1957年，河南信阳楚墓出土竹简800多片，简上文字依然清晰。

1972年，山东临沂银雀山发现《孙子兵法》和《孙膑兵法》竹简，约5000枚。

1975年12月，湖北云梦睡虎地秦墓出土竹简1100多枚。为秦昭王元年（公元前306）至秦始皇三十年（公元前217）之物。

竹简是我国历史上使用时间最长的书籍形式，是造纸术发明之前以及纸普及之前主要的书写工具，是我们的祖先经过反复的比较和艰难的选择之后，确定的文化保存和传播媒体，这在传播媒介史上是一次重要的革命。它第一次把文字从社会最上层的小圈子里解放出来，以浩大的声势，向更宽广的社会大步前进。所以，竹简对中国文化的传播起到了至关重要的作用，也正是它的出现，才的以形成百家争鸣的文化盛况，同时也使孔子、老子等名家名流的思想和文化能流传至今。

魏晋南北朝时期造纸的发展

魏晋南北朝时期是我国继春秋战国以后又一个动荡时期。一方面，战乱频仍、政权割据破坏了生产力的发展；而另一方面，割据的局面里蕴涵着统一的因素，政权的更迭、迁移也促进了文化的传播与交流。纸张在我国第一个大一统的两汉时期登上历史舞台后，面对一个动荡而充满机遇的时期，显示了它无可替代的优越性和十足的活力。

新疆出土的东晋写本《三国志》的笔法圆熟流畅，有浓厚的隶书风味，著名书法家王羲之、陆机等人也都是以麻纸挥毫。潘吉星先生对魏晋南北朝近百种古纸都进行了检验，证明其中90%以上都是麻纸，以木麻和苎麻为原料的居多。然而据史籍记载，这一时期已出现很多以原料命名的纸种名称，如抄写经卷所用的白麻纸和黄麻纸、构皮制成的皮纸、桑皮制成的桑根纸、稻草制成的草纸等纸张。

除破布、渔网、树皮、麻头、稻麦秸秆等外，又进而利用藤、竹等作为主料。

从晋朝开始一直延续到唐宋时为止，浙江嵊州市南曹娥江上游的刻溪附近，开创了用野生藤皮造纸，久享盛名。西晋时期的学者张华在《博物志》中记载了盛产古藤的剡溪（今浙江省嵊州）出产的藤纸。隋唐时期虞世南编著的类书《北堂书钞》中引用了晋人范宁的一句话："土纸不可作文书，皆令用藤角纸。"可见自东晋时就出现了以藤为原料制成的纸张，且质量上乘，用为官方文书。

竹子作为造纸原料始于晋还是宋，尚有争议。南北朝书法家萧子良的一封书信中有"张茂作箔，取其流利便于行书"之语。据考证，所谓箔纸就是嫩竹为原料制成的纸，张茂是东晋时人。宋代赵希鹄在其《洞天清禄集》

中谈到晋代的竹纸纸张："北纸用横帘造，纸纹必横……南纸用竖帘，纹必竖，若二王真迹，多是会稽竖纹竹纸。"由此可见，以竹制纸始于晋，只是用量有限，未能普遍。

据文献记载，晋朝还有一种侧理纸，实即后世的发笺，以麻类、韧皮类等传统原料制浆，再掺以少量水苔、发菜等做填料，用量虽少，但因呈现颜色，放在纸面上非常明显。这种发笺纸在唐宋以后还继续生产，直到近代。外国的发笺，最著名的是朝鲜李朝的发笺。

魏晋南北朝时期，由于广大纸工在生产实践中精益求精，积累了丰富的先进技术经验，名工辈出，名纸屡现。除前述左伯及左伯纸外，还有南朝刘宋时的张永。沈约（441～513）《宋书·张永传》，"张永善隶书，又有巧思，纸及墨皆自营造"，他造的纸为当时北方所不及。

魏晋南北朝时期纸的加工技术有了相当发展，较重要的加工技术之一是施胶技术。后秦白雀元年（384）款施胶纸是现今发现最早的施胶纸。它是在纸的表面均匀地涂一层淀粉糊剂，再以细石研光，以此来增加纸的强度及抗水性能。

类似的加工纸还有一种，称涂布纸。所谓表面涂布，就是将白色矿物细粉用胶黏剂或淀粉糊剂涂在纸面上，再予以研光。这样，既可增加纸的白度、平滑度，又可减少透光度，使纸面紧密，吸墨性好。据新疆出土的前凉建兴三十六年（349）文书判断，涂布纸可能是在公元4世纪前半期出现的。这种技术在欧洲的首次使用是1764年卡明斯在英国提出的，将铅白、石膏、石灰混合，用排笔涂施于纸上，因为纸上有刷痕，所以干燥后要经研光。这类纸在显微镜下观察，纤维被矿粉晶粒所遮盖的现象清晰可见。

对纸张加工的另一技艺是染色。纸经过染色后，除增添外表美观外，往往还有实用效果，改善纸的性能。纸的染色从汉代就已开始。12世纪的刘熙《释名》说"潢"字，就是染纸的意思。魏晋南北朝以后，继承了这种染潢技术并继续流传下来。

晋时染潢有两种方式，或者是先写后潢，或者是先潢后写。关于染潢所用的染料，古书中也有明确记载。东汉炼丹家魏伯阳在《周易参同契》

中有"若蘗染为黄兮，似蓝成绿组"之语。蘗就是黄蘗。东晋炼丹家葛洪（284～363）在《抱朴子》中也提到了黄蘗染纸。黄蘗或曰黄檗，是一种芸香科落叶乔木，其干皮呈黄色，味苦，气微香。我国最常用的是关黄蘗和川黄蘗。关于染纸技术，这时期也有专门记载。后魏贾思勰的《齐民要术》有专篇叙述染潢法。其中说："凡潢纸，灭白便是，不宜太深，深色年久色暗也。……'黄'蘗熟后漉滓捣而煮之，布囊压讫，复捣煮之。凡三捣三煮，添和纯汁者。其省四倍，又弥明净。写书经夏然后入潢，缝不淀解。其新写者，须以熨斗缝缝熨而潢之。不尔，人则零落矣。"

黄纸不仅为士人写字著书所用，也为官府用以书写文书。下于民间宗教用纸，也多用黄纸，尤其佛经、道经写本用纸，不少都经染潢。现在各博物馆和图书馆收藏的魏晋南北朝写经纸中，有不少是潢纸。这种风气后来到隋唐时尤其盛行。人们喜欢用黄纸的原因有很多：第一，黄蘗中含有生物大碱，既是染料，又是杀虫防蛀剂，能延长纸的寿命，同时还有一种清香气味；第二，按照古代的五行说，金木水火土五行对应于五方中的中央和五色中的黄，黄是五色中的正色，所以古时凡神圣、庄重的物品常饰以黄色，重要典籍、文书也取黄色；第三，黄色不刺眼，可长期阅读而不伤目。如有笔误，可用雌黄涂后再写，便于校勘。这种情况在敦煌石室写经中确有实物可证。

在设备方面，这一时期出现了用横帘、竖帘捞纸的方法。帘床由可舒卷的竹编条帘、框架以及边柱组成，可随时拆装，且长短自由。用帘床抄纸，产品薄而均匀，又可减少工时，使工效成倍提高。这一技术被长期沿用，甚至欧洲一些国家在18～19世纪造纸使用的长网结构，也是由此发展而来。

造纸术的改进反过来促进了纸原料范围的扩大，原先只能制作粗糙纸张的许多植物纤维此时都可以通过精加工而制作高质量的纸张。"苔纸"、"剡纸"都是当时的名纸。所谓"苔纸"，是以水草做原料，因其纹路侧斜，又称"侧理纸"。"剡纸"是以剡县（今浙江嵊州西南）所产的野藤为原料生产的。除传统的麻类植物外，当时还用桑皮、楮皮造纸，出现了"桑皮纸"等，这实质上开了"皮纸"制造的先河。

隋唐五代时期造纸的发展

隋唐五代时期是我国封建文明发展的兴盛时期。特别是唐代，政治、经济、文化各方面均出现了高度繁荣的景象。农业、手工业、商业蓬勃发展，科学技术不断进步，为造纸业的兴盛创造了良好条件。

有唐一代，文化的高度繁荣直接刺激了造纸业的发展。在政府主持下，学者注解了五经，编撰了《晋书》、《南史》、《北史》、《隋史》等数百卷史书。武则天当权时期：一则因为出身寺院；一则为与号称李耳（道教创始人）后裔的李唐势力抗衡，佛教大行其道，经书的翻译与抄写空前繁荣，政府专门设置翻译经书的机构。所有这些，无不极大地增加了纸张的需求。

唐朝政府对造纸业十分重视，在朝廷和官府中安排了许多造纸及加工的技术人才，有熟纸匠与装潢匠的设置。熟纸匠负责加工纸张，以备抄写；装潢匠则负责裱褙、装饰书卷。

唐人对于纸的外观和质地特别讲究，所以唐代的加工纸十分盛行，加工技艺日新月异，纸因此被赋予了崭新的面貌和生命。唐代的主要加工技术有染色与涂粉、加蜡、砑光、印花、漆工与绢工、施胶等工艺。

对造纸原料处理增强沤泡措施，然后用碱水蒸煮，能比较好地清除胶质。臼捣原料也更加精细，加大了纤维的分散度，经搅拌后，纤维交结紧密而且均匀，故纸的质量又比以前大大提高。

唐代所造纸中，以硬黄纸最为著名。纸上均匀涂蜡，经过砑光，使纸具有光泽莹润、艳美的优点，人称硬黄纸。还有一种硬白纸，把蜡涂在原纸的正反两面，再用卵石或弧形的石块碾压摩擦，使纸光亮、润滑、密实，纤维均匀细致，比硬黄纸稍厚，人称硬白。除硬黄外，云蓝纸也很有名气，据说，此纸为段成式所造，质地均佳，时人极为推崇。

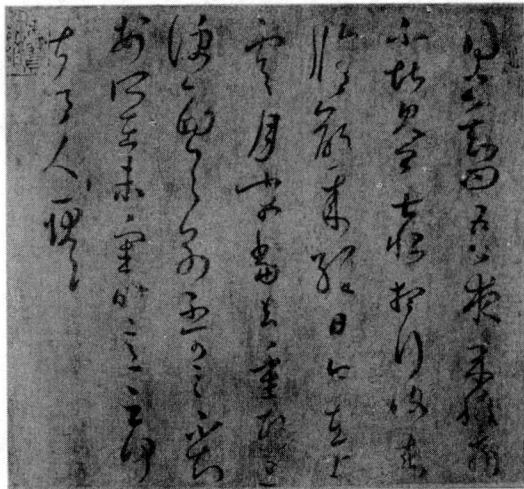

△ 雕版印刷术

添加矿物质粉和加蜡而成的粉蜡纸，在粉蜡纸和色纸基础上经加工出现金、银箔片或粉的光彩的纸品，称作金花纸、银花纸或金银花纸，又称冷金纸或洒金银纸。

还有色和花纹极为考究的砑花纸，它是将纸逐幅在刻有字画的纹版上进行磨压，使纸面上隐起各种花纹，又称花帘纸或纹纸，当时四川产的砑花水纹纸鱼子笺，备受文人雅士的欢迎。

另外，还出现了经过简单再加工的纸，如谢公十色笺等染色纸，金粟山经纸，以及各种各样的印花纸，松花纸，杂色流沙纸，彩霞金粉龙纹纸等。其中最著名的是薛涛笺。据《博物志》记载，蜀妓薛涛所造十色花笺，深为当时社会所宝重，当时文人如元稹、白居易、牛僧孺、杜牧、刘禹锡等20余人与涛唱和时用之。

唐代的书画用纸还用淀粉硝煮成涂料涂布后再经打蜡，最后用粗布或石块等揩磨砑光。

隋唐时期，由于技术的进步，纸张的品质大幅提高，可以满足不同需要，用途相当广泛：

糊窗纸：用涂上油的纸做的，可取明保暖，防雨挡风。

纸伞：用纸制伞面，刷上油来防雨。

灯笼纸：用油纸所制，取代绢等昂贵材料，经济又实用。

包装纸：藤纸做成纸袋包装茶叶，可使茶香不散。

娱乐与装饰用纸：诸如棋纸、剪纸、纸花、纸扇、纸鸢、包装纸等。

纺织品的代用品：如纸衣、纸帽、纸被、纸帐、纸甲。

丧葬用纸：冥钱、纸棺等。

特别值得称道的是飞钱。这是可以兑换银两的凭证，实际上是收据的一种。它作为可以变现的有价证券，代替了携带不便的金属货币，为商人的经商活动提供了便利条件。可以说，飞钱是纸币的先驱。

由此可见，纸张在隋唐时期已深入到社会生活的各个层面。20世纪70年代，在新疆吐鲁番阿斯塔那古墓群先后出土纸鞋、纸棺，更是唐代多方面用纸的实证。

五代时期战乱不断，但南方一些地区仍相对比较稳定，造纸业没有受到太大的影响。特别是南唐后主李煜，他酷嗜文事，对造纸亦极为经心。当时的徽州地区成为造纸中心，所产澄心堂纸最受士林欢迎，直到北宋一直被公认为是最好的纸。此纸"滑如春水，细密如蚕茧，坚韧胜蜀笺，明快比剡楮"，长者一幅可至五十尺，自首至尾匀薄如一，堪称纸中神品。另外又有会府纸，长二丈，宽一丈，厚如数层绘帛，更是前所未有。鄱阳白纸，长如匹练，也是当时的新产品。

雕版印刷术的发明，节省了手抄用去的大量人力与时间，更促进造纸业的发展，开创了造纸业的兴盛时期。五代十国时期的吴越王曾雕刻《陀罗尼经》，篇幅达84000卷。印刷术在五代后周时，正式成为官府文化的工具。隋唐五代时期，中国名副其实地进入了纸的黄金时代。

宋元时期造纸的发展

宋元时期是造纸业的繁荣时期，社会经济与科学文化在前代基础上有了很大的发展，特别是手工业生产相当发达。造纸业在当时已是享誉中外，无论在原料、产地、品种、生产规模、技术水平，以及产品的质量，都明显地超越了前代。造纸业的发展促进了宋代书画艺术和文学艺术的蓬勃发展，同时纸张在生活上的应用更加广泛，纸币的通行，印书业的兴旺，皆推动了造纸技术进一步的发展。并且在这个时期，出现了许多研究造纸业发展的专门著作，为后人研究造纸提供了宝贵资料。

宋元时期的造纸原料较前代有很大变化，麻料的使用和麻纸的产量已不再居统治地位，竹纸为新崛起的纸种，与传统的皮纸占据了优势地位。

北宋苏易简《文房四谱》中的《纸谱》里，记载了江浙地区以稻秆、油藤造纸的工艺。然而藤纸由于过度采伐原料，造成资源严重匮乏，每况愈下，因此到宋元以后终于退出历史舞台。

宋代，我国南方已盛产竹纸。王安石、苏轼等人都喜欢以竹纸书写，取其受墨呈色鲜亮、运笔笔锋明快的优点，许多文人墨客争相效仿。

这一时期的造纸技术继承了唐和五代的造纸传统，又有了相当突破。北宋时安徽已采用日晒夜收的办法漂白麻纤维以制纸，抄出的生纸光滑洁白，经久耐用。纸质轻软薄韧，上等纸全是江南制造，也称江东纸。纸的再利用开始于南宋，以废纸为原料，收集旧纸与新料掺在一起，打出混合纸浆造纸，人称还魂纸或熟还魂纸，具有省料、省时、见效快的特点。

纸药的应用是本时期是造纸术中一项重要的发明。造纸的过程中往往要向纸浆中加入某些植物黏液，古代纸工称之为纸药。纸药的作用是作为悬浮剂，使纸浆中的纤维分散。同时它还能防止纤维互相黏结，使湿纸易以分张或揭分。我国古代造纸时常用的纸药是从黄蜀葵、杨桃藤、槿叶等植物榨取的黏液制成的。

宋元时期造纸技术的进步，产生了琳琅满目的精品。以前名纸，无不仿造，尤以澄心堂纸为最佳，宋代的许多著名书画家多用此纸。除此之外，张有自造纸也很有名。至于笺纸、匹纸、各色笺纸和藏经纸更是名目繁多，不可胜数。以谢景初所造十色信笺（被称为"谢公笺"）与浙江海盐金粟寺所造的"金粟山藏经纸"为翘楚。元代造纸中之特异者，除"明仁殿纸"外，尚有白鹿纸、黄麻纸、铅山纸、常山纸、英山纸、观音纸、清江纸、上虞纸，笺纸则有彩色粉笺、蜡笺、黄笺、花笺、螺纹笺等。

唐代以前，纸张尚无一定的规格。唐末五代时，印刷术与造纸术的结合使书籍印制成为纸张需求的大宗。为适应大批量生产，纸张出现了寸纸、匹纸、片纸等不同规格。宋代能生产三丈余长的巨幅纸，称为"匹纸"。定制生产反过来也促进了造纸业的发展。

宋元时期纸张的用途进一步扩大，在社会生活中的地位日益重要起来。

一、刻书

活字印刷术的发明，极大地提高了印刷效率，带动印书业的兴旺。宋代从中央到地方各级政府乃至民间，都刊刻、出版各类图书；私家刻书也在北宋逐渐盛行，以杭州私人书坊刻印的书籍质量最高。印书业主要集中在浙江杭州、四川成都、福建建阳等地。宋刻本因讲究用纸质量，很多都得以保存良好流传后世，"宋版书"成为这一时期留给我们的文化瑰宝。

二、官府文件

随着技术进步，纸张的质量得以大幅提高，最终成为官府文件的首选材料，用于官方文书、写本、刻本、诏令公文等。所选纸张以黄纸为主，较隆重的礼仪则采用销金或泥金彩笺。

三、纸币

纸币的发明是金融货币史上的一大进步。中国是世界上最早发行纸币的国家，早在北宋时期就出现了纸币。中国最早的纸币出现在四川，称为"交子"。又称"钱引"。随着社会经济的发展，纸币在经济生活中的地位日益增重，以后历代都有纸币的出现。南宋的纸币称为"会子"，金朝时发展为"交钞"。到了元代，则出现了"中统交钞"、"中统元宝钞"等政府正式发行的纸币。

此外，用纸作画、写经较前更为普遍，也有不少流传至今。当时纸的用途广泛，甚至用以包裹火药，制造火枪上的火药筒。

发达的造纸技术呼唤着专门的记录与总结。有关造纸的资料记载比较早。虞世南在任隋秘书郎时曾作有《北堂书钞》一书，书中便收集了部分关于纸的资料。入唐之后，欧阳询《艺文类聚》，徐坚《初学记》也都收集有类似的资料。但是关于纸的专著却是到了宋代才出现的。宋元时期，出现了北宋苏易简的《纸谱》、元代费著的《蜀笺谱》等有关造纸术的重要著作。

苏易简（958～996）字太简，梓州铜山（今四川中江）人。北宋太平兴国五年（980）进士第一。历官知制诰、翰林学士、给事中。淳化中，官至参知政事。后出知陈州，卒，赠礼部尚书。易简知识渊博，善喜淡笑，以文章名著于世，有《文房四谱》、《续翰林志》及文集二十卷传世。苏易简《文房四谱》中的《纸谱》，是我国也是全世界最早的造纸专著。其中分叙事、制造、杂说、辞赋四项，谈到了麻纸、藤纸、楮皮纸、桑皮纸等的源流、加工及用途，也谈到了北宋的竹纸、麦秆纸、稻秆纸，具有很高的史料和学术价值。

费著（生卒年待考），成都市双流人，元代史学家。进士出身，授国子助教，曾任汉中廉访使，后调重庆府任总管。著有《民族谱》、《器物谱》、《楮币谱》、《岁华纪丽谱》、《成都志》等。一生对造纸技术颇有研究。他在《蜀笺谱》中记述了当时四川造纸业的渊源、特点与名产："今天下皆以木肤为纸，而蜀中乃尽用蔡伦法，笺纸有玉版，有贡余，有经屑，有表光。"他的《楮币谱》专门考察了纸币的产生及发展，至今仍为研究者所借重。

此外，宋代的《负暄野录》、《洞天清录》以及米芾的《书史》等书籍，都有不少描述纸的文字。这些书籍的出现，一定程度上也反映了造纸技术的发展。

明清时期造纸的发展

　　明清两代是中国历史上最后两个封建王朝。这一时期的造纸技术在宋元的基础上进一步发展，进入传统技术的总结期。纸的产地、种类、产量、品质、用途都超过前代，明代江西的宣德纸和清代皖南泾县的宣纸为一时之冠。这两个品种超过此前各种名纸，而且品种繁多，形成庞大的系列，成为体现最高造纸技术的代表。竹纸以福建、江西所产连史、毛边最为出色。专门记载造纸技术的著作也达到新的水平。

　　朱元璋于1368年建立明王朝（1368～1644）。明朝共277年，1644年为李自成领导的农民军推翻。但不久满族贵族集团在汉族大地主势力支持下取得全国政权，建立清王朝（1644～1911），这是中国历史上最后一个封建王朝。明清时期共544年，是传统造纸技术史中的最后一个阶段，可以把这个阶段称之为集大成阶段。明代社会经济和科学文化比宋代发达，从整个科学技术史角度看，明代也是个总结性发展阶段，在造纸技术史领域也同样如此。这个阶段在造纸原料、技术、设备和加工等方面都集历史上的大成，纸的产量、质量、用途和产地也都比过去任何时期处于更高的发展阶段。同时还出现专门论述造纸技术的插图本专著，为前代所未见。随着中外交流的紧密，中国精工细作的纸、纸制品及加工技术继续传至国外。清末，中国又从西方引入机器造纸技术，从而在造纸技术史上揭开了崭新的一页。明清时期中国传统造纸技术达到历史上的最高峰，但也随着清朝封建统治的衰落而进入低谷。我们对中国造纸技术史的考察也至此为止。清以后进入近代、现代发展阶段，当另行研究。

　　明清时的造纸槽坊大多分布在南方江西、福建、浙江、安徽等省，广东和四川次之；北方以陕西、山西、河北等省为主。原料有竹、麻、皮料和稻草等，其中竹纸产量占首位，南方各省盛产竹材，因此近山区也多造竹纸。皮纸多用作书画或印刷书籍，麻纸产量比率逐渐变小。明清时皖南特产的"宣纸"为一时之甲，其原料主要是青檀皮，这是一种榆科青檀属的中国特产落叶乔木，取其枝条韧皮造纸。古人多误以为楮，近人多误以为桑，竹纸中以江西、福建的"连史"、"毛边"最为普遍，多用于印各种书籍。麻纸主要产于北方各省，产量不大；皮纸南北各地都有，产量居第二位；稻麦秆纸用于造次纸、包装纸、火纸（迷信纸）或作纸板。关于明代造纸的一般情况，在明人著作中多有提及，如屠隆在《考槃余事》卷二《纸笺》中说，明代永乐年间（1403～1424）在江西南昌附近的西山设官局造纸，"最厚大而好者曰连七、曰观音纸。有奏本纸出江西铅山，有榜纸出浙之常山、直隶庐州英山（今安徽）。有小笺纸出江西临川，有大笺纸出浙之上虞。今之大内（宫内）用细密洒金五色粉笺、五色大帘纸。有白笺坚厚如板，两面砑光如玉洁白。有印金五色花笺，有磁青纸如缎素，坚韧可宝。近日吴中无纹洒金笺纸为佳，松江潭笺不用粉造，以荆州（今湖北）连纸褙后砑光、用蜡打各色花鸟，坚滑可类宋纸。新安仿造宋藏经纸亦佳，有旧裱画卷绵纸（皮纸）作画甚佳，有则宜收藏之"。

明人文震亨《长物志》卷七论明代各地纸时也说："国朝连七、观音、奏本、榜纸俱佳，唯大内用细密洒金五色粉笺坚厚如板，而砑光如白玉。有印金花五色笺，有青纸如缎素，俱可宝。近吴中洒金笺、松江潭笺俱不耐久，泾县（今安徽）连四纸最佳。"方以智（1611～167年）《物理小识》卷八也称："永乐于江西造连七纸，奏本出铅山，榜纸出浙之常山、庐（州）之英山。宣德五年（1430）造素馨纸，印有洒金笺、五色粉笺、磁青蜡笺。此外，（仿）薛涛笺则矾潢云母粉者。……松江潭笺或仿宋藏经纸，渍荆州连炭褙蜡砑者也。宣德（年）陈清颖白楮纸俱可揭三四张，声和而有穰。其桑皮者牙色，矾光可书。今则棉（皮纸）推兴国、泾县。敝邑桐城浮山左亦抄楮皮结香纸，邵建则竹纸、顺昌纸，柬纸则广信（今上饶）为佳，即奏本纸也。"由此可见明代江西、浙江、江苏、安徽等省所造各种高质量本色纸及加工纸，除作商品流通外，还作为贡品供宫廷御用及各部公用。在王宗沐（1523～1591）撰修《江西大志》中列举江西抄造的28种纸，归纳起来不外厚重榜纸、薄的开化纸、毛边纸、绵连纸、中夹纸、奏本纸、油纸、藤皮纸、玉版纸、勘合纸及各种色纸，原料为竹、楮等。

关于内府对上述用纸的用量及纸价，可从沈榜的《宛署杂记》中得知其详。作者于万历十八年（1590）任京师顺天府宛平县令，根据档册写成此书，记载明朝廷用纸情况。卷十五载遇重修《大明会典》，用中夹纸2500张，价37.5两银；大呈文纸4000张，价16两银；连七纸11600张，费9.28两银。又载1592年大呈文纸每100张值3.5钱，连七纸每100张6.5分银，毛边纸每100张六钱，碗红纸五张一钱。又载万历十九年（1591）乡试用纸，有御览纸690张，表纸11360张，中呈文纸11650张，刚连纸37300张，白榜纸80张，红黄榜纸60张等。与当时其他物品时价比较，香油50斤一两银，麻布10匹价1.8两，烧酒两瓶银一钱，铁钉五斤价一钱，则抬连纸2000张相当于一匹麻布，50张毛边纸相当于15斤铁钉或六瓶烧酒，大呈文纸50张可买一斤香油。总的来说，明代纸的价格并不算高，因此广泛应用于民间。清初因战乱造纸业一度遭破坏，但康熙、乾隆时期开始回升，传统名牌纸及加工纸又恢复生产。这种情况一直延续至道光年间（1821～1850），此后基本上没有新的进展。

△ 明清时壁纸

明清时纸的用途像宋元时期那样多种多样，但消耗量有增无减，主要用于书画、文书、印刷、包装及宗教方面。纸币在此期间发行量更大。洪武七年（1374）设宝钞提举司，次年发行"大明宝钞"命民间通行，用桑皮纸，一度以纸币向官员发薪俸。明清时流行的壁纸此处值得一提。壁纸即糊墙用艺术加工纸，一般染成不同的颜色，绘以图画，或印上彩色图案，作室内装饰，有时还用粉笺，从内府到民居普遍流行，消耗量相当大。前述《宛署杂记》卷十三一十四载万历十六年（1588）糊窗、糊墙用栾纸8刀（800张）价4.8钱银，相当于10瓶烧酒价钱，并不太贵，故民乐为之。李渔（1611～1679）《闲情偶寄》还记载独特的壁纸制法。先用绛色纸一层糊墙作底，再用豆绿云母笺用手撕成不同形状的小块贴于酱色纸上，留出底缝，则"满屋皆水裂碎纹，有如哥窑美器。其块之大者亦可题诗作画，置于零星小块之间"。明清故宫中今可见17～18世纪的各种壁纸，多为粉笺，印以彩色花鸟图案，美观大方。有的还套印银白色云母粉图案。清代更有砑花五色壁纸。明清壁纸传入欧洲产生很大影响。美国学者亨特说早在1550年西班牙及荷兰商人就从中国进口壁纸。163R年德国法兰克福仿制过中国花鸟图案的金银色纸，以代替原来悬在墙上的昂贵的羊皮画。1688年法国人以中国壁纸为范本大量仿制，装饰于室内。

清代时期还研制出纸砚及纸萧。邱菽园（1874～1941）《菽园杂谈》卷一说贵州以纸作砚，用之历久不变，浙江余杭蔡冶山得纸杯注酒，不渗不漏。邓之诚（1887～1960）《古董琐记》卷一也提到浙江海宁北寺巷有程姓者，以石沙和漆制成纸砚，色与端溪龙尾石砚无异，"且历久不敝（破），艺林珍之"。这里指出纸砚不是只以纸为之，而是将纸与细石沙及漆黏合制成。但盛酒的纸杯则以厚纸制成，外涂以漆，并绘出美观图案。《古董琐记》还提到福建开元寺前有卷纸为萧者，周亮工（1612～1672）得之，"色如黄玉，扣之铿然，以试善萧者，无不称善"，其所发出的乐声甚至比竹萧还动听。用纸做成有严格要求的吹奏乐器，真是别具匠心。郎瑛（1487～1566）《七修类稿》卷二十二还提到纸风筝："春之风自下而升上，纸鸢因之以起。"清代束纸风筝广泛流行民间。风筝由来已久，早期的风筝以竹条扎成外架，糊上丝绸，后以纸代之。应当说纸风筝在明清以前已有，只是这时更为普遍，这种民间游戏后来也传到国外。明清时纸制面具、脸谱也颇流行，多用于节日或宗教仪式中。总之，纸制品已广泛渗透到日常生活之中。

　　造纸术虽然早在2000多年前即已发明，但直到明清时期才出现有关造纸技术的系统而明确的记载，这也是为什么我们说此时是集大成阶段的原因之一。早期技术记载均反映造纸术最发达地区的实际情况。我们知道，明初（1368～1398）曾在江西南昌府及广信府设官局造纸供内廷使用。而王宗沐撰修的《江西大志》中《楮书》篇便反映此时此地造楮皮纸的技术实况。广信府在今上饶地区，铅山县及玉山县是最大制造中心。30年前笔者曾到当地采访，从古老县城街坊的明清遗址中仍可想见当时造纸及转运销售时之盛况。据《江西大志》记载，明初官局纸坊所用原料楮皮来自湖广，竹丝来自福建，但百结皮为玉山土产，抄纸用竹帘来自安徽、浙江，通过商贩运至本府。关于制造技术，书中也作了详细的叙述。整个过程包括22道工序，相当繁杂，要对皮料进行三次蒸煮、两次自然浮白和三次洗涤——这样处理的纸必是洁白、匀细的高级楮皮纸，而一般皮纸只经两次蒸煮、两次漂白。由于此处所造之纸供皇家御用，不计工本，因而运用了复杂的制造过程。抄造时要六人举荡大帘，所用抄纸帘由绝细竹条用黄丝线编成。

　　至于说到竹纸，明代科学家宋应星在其《天工开物·杀青》章中作了详细记载，所反映的是江南技术。将竹料砍下后入池塘沤制，再槌打并去掉粗壳，以石灰水浆制，此后将竹料蒸煮、洗涤。经这样处理后，更以草木灰水再次蒸煮、洗涤，经舂捣后成浆。加杨桃藤水与纸浆调匀后即行抄造。过程经18道工序，造竹纸与皮纸工序大同小异，因为原料都是生纤维，而竹纸则是用竹的茎秆纤维为原料，皮纸则用韧皮纤维，这是相异之点。从技术经济学角度看，《江西大志》中所述工序过程有浪费现象，没有《天工开物》所述过程简练。正确的技术方案应是用尽可能简便的手续、更少的能源及劳力消耗，使原料受最小的损失，达到最佳效果。与官办槽坊不同，民营纸坊在造纸过程中特别讲求经济效益，有时其所造之纸质量反而较高。《天工开物》所载技术就是民间纸坊所用技术。

　　像明代一样，清代也颇多造纸技术记载，尤其详于竹纸。清人严如煜在《三省边防备览》之《山货》卷中对陕西南部定远、西乡竹纸制造记述颇详。最先提到纸厂地址的选择，必须在盛产树林、有青石而且近水之地，

"有树则有柴，有石方可烧灰，有水方能浸料"，而最好还靠近竹林。陕南以水竹为原料，生产毛边纸、黄表纸、二则纸（大纸）等。书中所述清道光年间陕南造竹纸与明崇祯年间《天工开物》所述江南技术大同小异，而以后者为先进。

明清时著名的宣纸制造此处也须提及。其主要原料是榆科的青檀树皮，故宣纸是一种皮纸，其制造技术应与楮皮纸、桑皮纸完全相同。宣纸主产于安徽泾县，操此业者多为曹姓、翟姓。因为泾县旧属宣州府，故泾县纸称为宣纸。据清代《曹氏宗谱》所载，宋元之际曹大三自宣城迁往泾县西乡小岭，见遍山盛产青檀，乃以造纸为业，从此世代相传。至明代宣纸已引起文人注意，如明代学者沈德符《飞凫语略》云："此外则泾县纸粘之斋壁，阅岁亦堪入用。"实际上"泾县纸"比宣纸更名实相符。明末人方以智《物理小识》也说，当时的皮纸"推兴国、泾县"。宣纸虽主要原料为青檀皮，但因不断砍伐，原料供应不足，往往还要配入楮皮或稻草。明清时上等宣纸供内廷、官府公文用纸及书画用纸，科举时所用长丈余的榜纸有时也用宣纸。宣纸特点是洁白柔韧、表面平滑、受墨性好，遂逐步成为名纸。宣纸之所以好，在于制造时精工细作。原料也不一定非用青檀皮不可，从造纸学角度看，凡含韧皮纤维多的木本植物均可造纸。但向青檀皮中掺入稻草，反不如掺楮皮为佳，稻草纤维短，成纸易于老化。

明清时期在纸的加工方面集历代之大成，各种历史上名纸这时都恢复生产，同时又推出一些新的品种。明代加工纸中最著名的是宣德贡笺，制于宣德年间（1426～1435），有不少品种，与宣德炉、宣德瓷齐名。此后仍继续生产，多供内府使用，后从内府传出，遂为世人推崇。《飞凫语略》说，自从宣德纸从内府传出后，就像宋代宣和龙凤笺、金粟藏经纸那样受人珍重，舍不得在上面作书画，只用于书画卷轴的装饰。清代大臣查慎行咏宣德纸诗中称："小印分明宣德年，南唐西蜀价争传。侬家自爱陈清款，不取金花五色笺。"自注："宣德贡笺有'宣德五年（1430）造素馨纸'印，又有五色粉笺、五色金花笺、五色大帘纸、磁青纸，以陈清款为第一。"由此可见清初时已将宣德贡笺与五代南唐时的澄心堂纸并称为稀世名纸，而宣德纸还分为本色纸、五色粉笺、五色金花纸、五色大帘纸、磁青纸等品种。我们料想，宣德纸应是江西官局抄造，而非安徽泾县宣纸。据沈初（1735～？）《西清笔记》载，以宣德瓷青纸做成"羊脑笺"亦为名品。以羊脑和顶烟墨窨藏，久而涂于纸面，研光成笺，黑如漆、明如镜，始自宣德年，用以写经经久不坏，且虫不能蛀。

清晚期 56.5厘米×56.5厘米
估 价：RMB 20 000～30 000
成 交 价：RMB 60 500

△ 金绘云龙宫纸

笔者曾见过此纸，写以泥金，纸厚硬如革板，确如沈初所形容的。宣德瓷青纸以靛蓝染料染成，色与青花瓷相像，故名。

　　明代还仿制唐薛涛笺及宋金粟笺，产于徽州府。还有在薛涛笺上加云母粉者，有耀眼光泽。苏州一带的洒金笺及松江谭笺也名重一时。清代加工纸品种最多，传世者也不在少数。乾隆年间（1736～1795）仿澄心堂纸、宋金粟纸、薛涛笺、元明仁殿纸，都有实物遗存。仿澄心堂纸也制于安徽，斗方式，纸较厚，多为彩色粉笺，绘以泥金山水、花鸟，纸上有小印曰"乾隆年仿澄心堂纸"。薛涛笺为长方形粉红小笺，有小印。薛涛笺。仿明仁殿纸（53cm×121.4cm）为黄色粉蜡笺，用泥金绘如意纹，纸厚硬，更在纸面贴上碎金片，亦有小印曰"乾隆年仿明仁殿纸"。康熙年间（1662～1722）创制的梅花玉版笺在乾隆时也继续生产，斗方式粉蜡纸，再以泥金或泥银绘出冰梅图案，钤"梅花玉版笺"朱印。我们还见过乾隆时描金云龙五色蜡笺，施以粉彩，再加蜡研光，用泥金绘出云龙纹画（约50cm×95cm）。这类纸除云龙纹外，还绘以花鸟、山水、折枝花、博古图等图案。所用材料一律是皮纸。这些纸用于宫内写宜春帖子诗句作室内装饰。加工精绘者均为宫廷画师，画风受蒋廷锡（1668～1732）、邹一桂（1686～1774）及张宗苍

（1686～? ）等人影响。上述彩色洒金或泥金粉蜡笺造价很高，贵者每张费银六两，可与锦缎相比。明清时用上等坚韧皮纸制成本色或五色砑光纸，图案有山水、花鸟、人物、鱼虫、龙凤、云水纹及文字等，有时出于画家之手。同时还生产传统的螺纹纸、发笺、云母笺及各种彩色雕版印花壁纸。凡历史上出现的加工纸，这时都应有尽有。

明清时为我们提供的另一技术财富，是关于各种加工纸的技术记载。在这之前，人们只著录某一加工纸名称，很少介绍其具体加工技术。而明人屠隆《考槃余事》及冯梦祯（1548～1605）《快雪堂漫录》二书较集中地谈到各种纸加工技术，包括染制宋笺法、造金银印花笺法、造槌白纸法及染纸作画不用胶法。对我们今天恢复传统加工纸有参考价值。

总之，明清在纸的制造及加工上吸取了历代经验，达到最高水平，但仍停留在手工生产阶段。与此同时，西方在产业革命后造纸业却长足发展，后来居上。1750年荷兰人发明新式机械打浆机，1798年法国发明长网造纸机，19世纪更有了化学木浆纸，造纸由手工生产向大机器生产过渡。从此中国造纸技术逐渐落伍。只是清末才又从西方引进机器造纸技术，在上海及其他地方也相继建厂投产。19世纪末至20世纪初之际，在中国是手工纸与机制纸并存时期，但仍以手工纸为大宗，同时也以印刷机用两种纸印刷。再往后，机制纸产量大增，最终取代手工纸成为主要用纸。回顾中国2100多年造纸技术史可以看到，从公元前2世纪起直至18世纪的2000年间中国在造纸技术领域内完成了一系列大大小小的无数发明，而且在世界上长期居于领先的地位。中国向世界提供的是造纸及加工的完整技术体系，近代造纸工艺的各种技术与设备形态几乎都可在中国找到最初的发展模式。研究表明，就造纸技术体系而言，很多重大发明与革新大多完成于中国，当然其他国家也作出许多贡献，尤其18世纪以后欧洲人在机制纸方面的技术潜力得以充分的发挥。

中国古代的造纸方法有哪些

自战国时期使用竹简到汉初的木牍以及帛类丝织品，书写材料的变革至纸出现是在西汉，发明了用麻类植物纤维造纸，如西安灞月桥发现的西汉麻纸及陕西扶风发现的汉宣帝时期麻纸。时西人已有羊皮、莎草为纸。宋苏易简《纸谱》载："蜀人以麻，闽人以嫩竹，北人以桑皮，剡溪以藤，海人以苔，浙人以麦面稻秆，吴人以茧，楚人以楮为纸。"《后汉书·蔡伦传》载："自古书契，多编以竹简，其用缣帛者，谓之为纸，缣贵而简重，并不使人，伦乃造诣用树肤、麻头、敝布、渔网以为纸，元兴元年（105）奏上之，帝善其成，自是莫不从焉。故天下咸称蔡侯纸。"手工造纸基本工序均先取植物纤维之柔韧者，煮沸捣烂，合成黏液，匀制漉筐，使结成薄膜，稍干，用重物压之即成，今陕西长安县仍传蔡伦古法，以穰为原料，经取料、洗穰、打穰、切料、杖槽、捞纸、压纸等工序造纸。与今之机制纸不同。

造纸的植物纤维主要分韧皮纤维、茎纤维、种毛纤维。草本韧皮纤维如大麻、宣麻，木本韧皮纤维有桑、楮、藤；一年生茎纤维如稻草、麦秆、芦苇，多年生茎纤维如竹；种毛纤维主要是棉花。

纸的种类主要是以纤维区分大致有麻纸、皮纸、藤纸、竹纸、棉纸、穰纸、海苔纸、蜜香纸（以蜜香树皮和树叶造纸）、草纸（如安徽之龙须草、蜀之蓑衣草）等。根据纸的加工工艺区分大致有生纸、熟纸、本色纸、染色纸、洒金纸、泥金纸、蜡笺、粉笺、粉蜡笺、砑花纸、描金纸、油纸、贴落、单宣、夹宣、砑光纸等。

根据纸的产地区分大致有宣纸，蜀纸，浙江剡纸、温州皮纸、临安纸、宣阳纸，广西都安纸，河北迁安纸、江西纸、河南纸、贵州纸、福建纸、和纸（日本产）、高丽纸等。

根据纸的规格区分大致有四尺、五尺、六尺、八尺、丈匹、丈二、丈六、对联纸、八尺屏、扇面纸、信笺纸。古者横卷高度约一尺余，宽度有限，至南唐时才有大幅度增长，澄心堂纸至长者可至五十尺为一幅，至宋代曾有长至二十米者（赵佶书《大草千字文卷》）。至明清高度超过五尺、六尺、八尺、宽度二尺、三尺者开始普及。

宣纸自唐代始，初用青檀树皮，宋元以后用楮、麻、竹及草为原料，以其绵韧、细密、洁白、墨韵层次丰富著称。徽宣做熟纸是以生宣经过上矾、染色及涂蜡、洒云母等再加工，又名素宣、矾宣、加工宣。或有用蛋青、豆浆涂过的，熟宣的品种大致有槟榔、珊瑚、煮锤、蝉羽、云母笺、蝉衣、冷金、灰金、雨雪、冰雪、蜡笺、各色虎皮、螺纹等；生宣有净皮、夹贡、玉版、单宣、棉连、十刀头等，也可以据配料分为特净、净皮、棉料三类。

蜀纸主要产地为广都、夹江，古以麻、棉、布、楮、草为材料，隋时盛产楮纸。蜀纸的主要品种有玉版、贡余、经屑、表光则为纯麻纸。苏轼《东坡志林》曾载蜀纸之布头笺"取布头机余经不受纬者治作之"。以楮树皮为原料有假山南、假荣、冉村、竹丝等名品，笺纸类以麻面、屑末、滑石、金花、长麻、鱼子、十色笺著名。

今之浙江造纸以富阳、温州、临安为盛，富阳主要以竹，温州、临安主要用皮。古者以剡（今之奉化、嵊州接壤处之剡溪及余杭由拳村）纸质量高，自唐始以藤为材料。苏轼《和人求笔迹》载："从此剡藤皆可吊。"《嵊志》载剡纸有五式：藤用木椎椎治，坚滑光白者曰硾笺，莹润玉者曰玉版笺，用南唐澄心堂纸样者曰澄心堂笺，用蜀人鱼子笺法者曰粉云罗笺，造用冬水佳，敲冰为之者曰敲冰纸。今莫有传其术者。

湖南浏阳生产的二贡纸以嫩竹纤维制成，纸质细嫩、滑腻，吸水性强。

每张纸抄出来都是生纸，熟纸是在生纸的基础上再加工而成，再经过施胶（或以具有胶性的蛋青、白芨、豆浆）、矾、加蜡、砑光后才制成熟纸的。生纸具有吸水性及渗水性，熟纸则不会渗化，吸水力极弱，经砑光后熟纸比原来的生纸不仅光洁，而且紧密；生纸柔软，熟纸坚韧；熟纸因施胶矾而比原来的生纸略涩；熟纸久藏可能脆裂及产生漏矾现象，生纸久藏成陈纸

（如陈十年、十五年、二十年），可产生"风矾"效应，带有熟性，视环境情况可至半生熟或七八成熟，而不会产生脆裂。熟纸笔触清晰稳定，但忌多水多墨，生纸笔触视水分多少多有晕渗，水越多越不稳定，其至可能完全糊掉；熟纸笔触不会向背后渗透，而是凸出来，兼有阳文状态。半生熟纸视其生纸比例，半熟以上者多熟性，以下者多生性，可兼二者之优势。生纸之使用自明代始，初以半生熟为主，笔触多渗透性少渗化性，滋润中有厚重之质，以王铎、傅山、徐渭为典型。同时，他们选用绫绢本（明末清初的板绫）也带有一定的生性，"水走墨留"，但其渗水及渗透状况与今天的耿绢（生绢）效果差异较大。今之用纸生熟的选择与明清以前的古法习惯不同，最大差异者，明以前作书完全用熟，今之作书者几乎张张全生，仍言欲取晋唐法。于临帖多不究原帖纸质、纸性（范本也无标明），用纸与原帖无相似处，致使笔法动作及笔锋状态变形。

制蜡笺、粉笺、粉蜡笺、金笺、朱红笺等工序大致相同，现选上好料纸如绵纸等，用胶矾水（胶矾水四或胶七矾三）过一道，再将笺粉如朱砂、金粉研细和浓胶重研，平涂纸上，或将笺粉直接以筒吹匀至纸上，后罩清矾水，最后打蜡砑光。各种颜色笺之不同为所涂笺粉或呈油蜡性、或呈粉性、或呈略带少许金属性，打蜡砑光程度不同，纸性有差别。书写时如墨呈油性而不粘纸，可调配少许高度白酒。以上各类笺纸因料纸上有涂层，已不再是原料纸性，其笔触细腻、肯定，为熟性。若有折痕，容易断裂，不能还原。彩色粉笺、蜡笺、粉蜡笺的颜色大致有朱红、深青、明黄、深檀、深绿等，也可单面或两面饰以洒金，此多为明清宫廷御用纸。

屑金、片金、泥金等洒金纸三式，小片细碎如雨者稍屑金、销金、两金；大片者称片金；全部用金者称泥金、冷金，分有纹、无纹两类。其材料为金箔，有以刀切亦有揉碎者。料纸施胶后，趁湿洒于纸面，稍压即成。米芾《书史》载："王羲之《玉润帖》是唐人冷金纸上双钩摹出。"

贴落是手绘壁纸，另于明李渔《笠翁偶集》曾载一式：糊书房壁，先以酱色纸一层，糊壁作底，后用豆绿云母笺，随手裂作零星小块，或方或扁，或短或长，或三角或四五角，但勿使圆；随手贴于绛色上，每逢一条，毕露绛色纸一线，务必大小错杂，斜正参差。则贴成之后，满房皆冰裂碎纹，有如哥窑美器。

唐代用以响拓双钩摹写法帖的硬黄是将桑皮或麻类熟纸以黄檗和蜡涂染、莹澈透明、质地坚韧，摹写时不会污染范本。也可用以抄经及小字。仅涂蜡者谓之硬白，专用于写字，也称蜡纸，一般以双面加蜡，再经砑光，此法至宋元时笺纸制作仍沿用。

砑花及水纹纸类制法有二，其一先在抄纸用纸帘上用线编成图案，抄纸时凸起于纸帘上的图案处浆薄，成纸后呈现纹理。其二，先以木板雕成模，以纸覆模，以蜡砑之，为使纹理清晰，复以猪牙（专门的砑光工具，光滑顺手，不会划伤纸张）再砑。

李建中《同年帖》（藏于北京故宫）由大小二纸联成，其小纸8.4cm×33cm，呈现半透明的水波纹，米芾《韩马帖》呈现云中楼阁纹理。宋代的螺纹纸原理也如此。

发笺及长纤维草筋纸类制法是在捞纸前，往纸浆中添加少许有色纤维（如绿色的水苔、黑色的发菜、长纤维草筋），然后再杖槽抄纸，于纸面上形成自然纹理。此法自西晋发明，主要用于写字。

夹宣（二层夹、三层夹）相对于单宣而言，用所谓单抄双晒法，即将纸浆抄出时趋湿叠在一起，微干压之即成，三层夹则叠三层。夹宣可再分层剥开，书写后同样可以剥开，高水平装裱师均可如此。

自蔡伦捣渔网为网纸，以敝布作麻纸，以树皮作榖纸，唐人以黄檗和蜡染硬黄，薛涛、谢公以各色植物染料制十色笺，历代各纸各具特色，逐步在纸性上加以改进。南唐徽州所产澄心堂纸为夹宣，其边缘隐有龙凤纹样。卷册之类多用黄色藏经纸；宋人作书多用澄心堂纸，可分开两层使用，有黄白两色；宋纸粗厚而绵韧；元代纸纹细而薄；明代始略厚且用半生熟，规格增大至整幅中堂条幅，多为宣纸。高丽纸名品如绵茧纸，色如白绫，坚韧如帛，尤利发墨。其楮纸工艺至今仍保持中国元朝古法，尺幅多为三尺，且有毛边。

纸的加工在颜色上的发展集中体现在笺纸，如唐代薛涛笺（唐时以宣纸造）的深红色，谢公笺（宋时以蜀纸造）的深红、粉红、青红、明黄、深青、深绿、浅绿、铜绿、浅云，宣德贡笺有本色、五色粉笺、金花五色笺、五色大帘纸、磁青（以靛蓝染成）纸。

生绢也称耿绢，矾绢即为熟绢。

染绫绢所用姿色就以植物性资料为主，同时应在染料中兑适当的胶矾水，以固定颜色，使之持久不褪。矾绢用的胶矾水不宜过浓，用舌尖尝，稍涩即可。手法是先将广胶用热水溶化调匀，选上层胶水使用，再将明矾溶化，将矾水与明胶水掺和，不断翻倒，使之充分融合。胶矾的用量为一矾二胶。用胶矾的比例与所处地区的气候有关，也与季节相关，有记载云："冬日胶一两，用矾三钱，夏日胶七矾三最宜。"如果用胶矾过浓，既难行笔，又难于保存。如元代李衎所云："太过则绢涩难落墨。"如清代沈宗骞所云"夫绢之所以不久者，矾重故耳，今人不解用矾道理，生绢上欲以胶矾糊没其缕眼，不糊没又不可以作画，故绢地不几年使碎裂无完……尝闻前人论云：'轻粉入绢素捶如银板。'古者多用蛤粉，今当以石灰代之。"上述描述的具体做法是先将耿绢在石灰水里拉一遍，晾干，熨平，捶之，再略上淡胶矾水。如此便可以保证画面所着色经久不变。

古代纺织品的染料分无机染料如矿石等，有机染料如花、茎、皮、根、果、叶等。据载，在合成染料发明之前，植物染料一统天下，在春秋战国时期，染蓝色用蓝草，染红色用茜草、红花，染紫色用紫草，染黄色用栀子，染黑色用五倍子。染的手法有二：其一是直接染，如栀子、红花；其二是媒染，如茜草等，媒染须先过媒染剂（一般用无机盐），然后再染。既可单染一遍，也可以复染。媒染剂使本来单纯的颜色就得更加丰富艳丽。无机染料中最早使用的是赭石，之后如《尚书》中所载"黑土、白土、赤土、青土、黄土"逐渐开始使用，赤土如朱砂，黄土如石黄（分雄黄、雌黄），青土如石青、石绿（即孔雀石），白土如垩土、铅粉、白云母等，黑土主要是墨及黑色矿石。

常用的国画颜料分为矿物、植物、动物、金属四大类，矿物颜料如石青、石绿、赭石、朱砂等、植物颜料如花青、藤黄等，动物颜料如胭脂洋红等，金属颜料如泥金、泥银、铅粉等。

古代造纸的原料哪些

我们已知，中国造纸使用的植物纤维十分广泛。实际上，差不多任何植物纤维都能提供纤维体，但只有那些纤维素含量多、容易处理、来源充足、成本低廉的植物，才最适合用来造纸；尤其能够提供较多修长纤维素而较少黏合体的植物更为理想。这类造纸原料，包括韧皮植物如大麻、黄麻、亚麻、苎麻和藤；木本植物的韧皮部分如楮树皮、桑树皮；草本植物如竹、芦苇和稻麦的茎秆以及种子植物棉花等。麻和棉可以提供纯净修长的纤维体，是造纸的最好原料，但两者主要应用于纺织工业。因此，长期以来，中国古代造纸的主要原料是楮皮和竹。

按年代先后顺序，麻大概是最早采用的造纸原料，其时间可上溯自西汉（公元前206～8）；楮皮自东汉（公元25～220）；藤从晋代（265～420）；竹从唐代（618～906）中叶；麦稻的茎秆约从宋代（906～1280）起，先后被采用。唐代以后，大麻已很少用来造纸，从宋代初年起，藤的产量已供不应求。除了麻和藤以外，其他植物至今仍普遍用为造纸原料。各地造纸所用的植物原料不尽相同，大多是因地而异。最早关于纸的详细记录是苏易简在他所著《文房四谱》中说："蜀中多以麻为纸……江浙间多以嫩竹为纸。北土以桑皮为纸。剡溪以藤为纸。海人以苔为纸。浙人以麦茎、稻秆为之者脆薄焉，以麦藁、油藤为者尤佳。"上述情况，无论是在当时或以后的时期，大都是确实可信的。

一、大麻、黄麻、亚麻、苎麻

中国最早的造纸原料，都是一些能提供丰富修长韧皮纤维体的植物。其中较重要的是：大麻、黄麻、亚麻和苎麻。它们在中国各地都有生产，特别是中国的北部和西部。中国古代典籍通称这些植物为麻。明代以前，棉花尚

△ 苎麻

未广泛应用在纺织业上，麻大抵是中国最早的制布原料。苎麻是多年生植物，明宋应星说："（苎麻）色有青黄两样，每岁有两刈者，有三刈者。绩为当暑衣裳帷帐。"早期的纸大多是用这一类韧皮植物的纤维制成。

在中国西北部所发现的西汉古纸，据说都是以麻纤维制成。1957年，在陕西灞桥所发现的古纸，最晚是公元前2世纪的遗物，大抵是以破布或其他麻质物件制成，因为在其表面上可以看到一些残余的麻质纤维和未打散的麻筋、麻绳头。1934年，在罗布淖尔所发现的公元前1世纪古纸，据报告也是以相似的物质造成。根据《后汉书》记载，麻是蔡伦所用造纸原料之一，而他所用的其他材料，如破布和渔网，应该也是麻类制成。在新疆发现的公元3～8世纪古纸，除了桑树皮外，主要是以大麻、亚麻和苎麻纤维体制成。在敦煌所发现的写本，年代由公元4～10世纪，主要也是以大麻、苎麻和黄麻制成。北京所藏的32件敦煌写本，年代为265～960年，据报告主要也是以大麻制成。

麻纸的特质是柔韧、细密而不透水，在唐代多用于书法、书籍和官方文书。四川是麻纸的主要产地，所产麻纸大小颜色品种很多，特别被唐朝政府指定用于诏令和一般文书。正史记载，集贤院学士每月御赐四川麻纸五千番。开元年间（713～742），两京四部藏书，都使用益州（今四川）麻纸书写。唐代以后，文献上很少见有麻纸的记载。可以推想从那时开始，大麻已不再是造纸的主要原料。麻类被最早用作造纸原料的原因，大概是因为最初从漂絮得到的纤维薄片，是来自主要以麻类制成的破布。在19世纪初叶以前，大麻在欧洲也被用于造纸。此后，麻类的供应不够，木浆的应用才在欧洲见普及。时至今日，不少高级用纸仍以大麻制成。不过由于纺织、制绳及其他方面对渐麻类的需求更为殷切，中国自唐代以后，人们便逐渐以藤和竹夹替代麻类作为造纸原料。

二、藤

在中国的若干地区，尤其是东南部今日的浙江和江西一带，藤曾大量被用为造纸原料，藤纸在这些地区盛行了将近千年。其他地区如四川虽也有藤纸的记载，但产量有限，不能和江南相比。藤纸的起源可以推溯到公元3世纪的剡溪（今浙江嵊州），据说当时沿剡溪两岸山上，绵延数百里都是攀藤。以剡溪藤株制成的纸，就叫做"剡藤"。晋代做京官的河南人范宁（339~401）曾说："土纸不可作文书，皆令用藤角纸。"

唐代藤纸甚为盛行，产地由剡溪而广及江南其他地区。地方志及其他典籍记载，在公元8世纪初有11个州以纸作为贡品，其中杭州、衢州、婺州（皆在今浙江）和信州（在今江西）皆贡藤纸。若干地区每年贡纸达6000张。浙江嘉兴由拳村所出产的"由拳纸"为攀藤所制，尤为著名。

藤纸的特点，是光滑、细密和耐用。各种颜色的藤纸，用于公文、图籍、书画和其他用途。唐代规定白藤纸用于赐予、征召、宣索和处分的诏书；青藤纸用于太清宫道观荐告词文；而黄藤纸则用于敕旨、论事敕和敕牒。在敦煌出土的写经，很多都是写在染潢的藤纸上。宋代大书法家米芾说："台（天台）藤背书滑无毛，天下第一，余莫及。"藤纸亦被制成纸囊，存储灸过的茶叶，可使

△ 藤

香气不泄。

　　藤生长的区域不广，加上成长时间颇长，不像大麻和楮树只需一年和三年的时间即可收割，因此供应逐渐衰竭。不少文人都惋叹由于过度的斩伐和不注意栽培，使得藤的供应逐渐断绝。唐人舒元舆（835年卒）在《悲剡溪古藤文》中感叹："人人笔下动数千万言……自然残藤命易甚。"由于剡溪藤日益衰竭，致使宋代藤纸的生产中心乃由浙江西部慢慢的移至浙江东部。天台所产的藤纸"台藤"，在宋代极受重视，而"由拳纸"也盛行不衰。宋代以后，藤纸的生产日渐式微，这主要是由于藤的来源不继。自唐中叶以后，竹逐渐替代藤和麻成为造纸的主要原料。

　　三、楮、桑

　　以树皮造纸的记载，最早见于《后汉书·蔡伦传》，但书中并没有提及蔡伦是用何种树皮。公元3世纪的董巴说："东京有蔡侯纸，即伦也。用故麻，名麻纸；木皮，名榖纸；用故渔网，名网纸也。"楮是一种野生灌木，在中国很多地方都有生长，特别是中国北部。由于造纸需要大量榖皮，农人种植楮树作为一种副业。楮和构是不同种类的桑科植物，三者的树叶形态和读音都很相似，所以常被混淆。

　　关于种植楮和处理树皮的方法，最早记载是贾思勰（553～559）的《齐民要术》。他说楮宜涧谷间种之，地欲极良。秋上候楮子熟时，多收净淘，曝令干。耕地令熟，二月耕耩之，和麻子漫散之，即劳。秋冬仍留麻勿刈，为楮作暖（若不和麻子种，率多冻死）。明年正月初，附地芟杀，放火烧之，一岁即没人（不烧者瘦，而长亦迟）。三年便中斫（未满三年者，皮薄不任用）。斫法，十二月为上，四月次之（非此两月而斫者，则多枯死也）。每岁正月，常放火烧之（自有干叶在地，足得火然。不烧，则不滋茂也）。二月中间，斫去恶根（斫者地熟，楮科亦以留润泽也）。移栽者二月莳之，亦三年一斫（三年不斫者，徒失钱，无益也）。指地卖者，省工而利少。煮剥卖皮者，虽劳而利大（其柴足以供然）。自能造纸，其利又多。种三十亩者，岁斫十亩，三年一遍，岁收绢百匹。

　　可知种植楮树的主要目的在提供造纸原料，而煮剥取皮则是造纸的第一步手续。种植楮树和造纸是农家一种收利很大的副业。

楮皮造纸可能源自"塔巴"的制造。"塔巴"是一种捶打而成的树皮布，盛行于太平洋各岛屿。"塔巴"一词和中国树皮布的名称发音甚为相近。中国古代文献中常常提及中国南部和西南部少数民族所出产的树皮布，名曰"答布"、"拓布"和"谷布"。由于这些产品主要是用于衣服而不是书写，所以被称为布而不叫做纸，虽然它们捶打而成的制作过程和制纸过程比较相近，而和纺织的程序大不相同。东汉蔡伦采用树皮造纸的发明，可能是受树皮布文化的影响。

在春秋时代，有用楮皮造成的冠冕，叫做"楮冠"。在唐宋时代，很多以纸制成的衣服、甲胄、被褥和帷幔，都可能是用柔韧耐用的楮纸制成。称作"楮币"的纸钞，主要的原料也是楮皮。楮纸同时也应用于糊窗、书籍的封面、书写和其他用途。在晋、唐时代，楮纸是一种颇为流行的书写用纸。在敦煌和吐鲁番所出土的很多写本，都是采用楮纸。

桑皮曾否被用为造纸原料的问题，曾经有不同意见。马可·波罗在他的游记里，提及中国的纸币是以桑皮造成。贝资雪莱德认为马可·波罗的说法不对，纸是以楮皮而不是桑皮所制。但劳弗征引一些文献上的资料，认为桑皮和楮皮都是造纸的原料，证明马可·波罗的说法完全正确。中国人不仅用桑皮造纸，而且惯用桑皮纸作纸钞。

中国不仅过去曾以桑皮造纸，今日桑皮也仍是造纸原料之一。苏易简曾提及"北土以桑皮为纸"。《明史》记大明宝钞"以桑穰为料，其制方高一尺，广六寸，质青色"。1644年，大概由于通货膨胀的关系，政府征收二百公斤桑皮来制作纸钞，几乎引发一次农民暴动。宋应星也说："桑皮造者曰桑穰纸，极其敦厚。东浙所产，三吴收蚕种者必用之。"直至今日，桑树各省皆产，而桑皮被称为"很好的造纸原料"。

四、竹

除了极北方各省以外，中国各地皆曾是竹的出产地。在古代，竹大约生长在北方沿黄河一带。由于气候的变迁和大量的采伐，竹的产地逐步南移。今日，长江流域的江苏、浙江，以及福建、广东各地，竹的生长都很茂盛。

△ 竹

由于竹的纤维长，成长率快，成本低廉，自唐代中叶以来，竹一直是造纸的主要原料之一。

以竹造纸的最早记载，见公元9世纪初李肇的《唐国史补》。李氏提到"韶（在今广东）之竹笺"和他差不多同时的段公路也提到"竹膜纸"。竹的开始应用于造纸，应早于文献的记载，因此竹纸的生产不会晚于中唐，即8世纪后半期。竹的应用大约是为了替代麻和藤，前者是纺织的重要原料，而后者的供应到了唐季已日渐衰竭。

广东气候温暖潮湿，竹的生长十分茂盛。以竹造纸大约从广东开始，而在宋代传播到江浙一带，那时造竹纸的技术尚不够成熟，成品的质地，大概也很差。苏易简说："今江浙间有以嫩竹为纸，如作密书，无人敢拆发之，盖随手便裂，不复粘也。"大诗人苏轼（1032～1101）也说："今人以竹为纸，亦古无有也。"另一宋代作家，流寓吴兴的周密（1232～1298）则说："淳熙末始用竹纸。"由此可知竹纸直至12世纪下半期才盛行于江浙一带。1201年编的《嘉泰会稽志》说："剡之藤纸，得名最旧，其次苔笺，然今独竹纸名天下。"

从文献记载中，我们知道竹纸是在公元8世纪晚期发明的，而一直到10世纪时制造技术尚未成熟。不过包括各种不同种类和颜色的剡溪产品，在12世纪末或13世纪初已十分流行，尤其是受书法家和画家的推崇。我们还不清楚从公元8世纪到12世纪这一段长时期内，竹纸的制造如何日趋完善。从《嘉泰会稽志》的记载看，竹纸的制造技术可能深受藤纸制造技术的影响。

明宋应星的《天工开物》，有一整卷记录关于以竹和楮皮造纸的技术。关于竹纸的制造，宋氏说：

其竹以将生枝叶者为上料。节界芒种，则登山砍伐，截断五七尺长。就于本山开塘一口，注水其中漂浸。恐塘水有涸时，则用竹枧通引不断瀑流注入。浸至百日之外，加工槌洗，洗去粗壳与青皮。其中竹穰形同苎麻样，用上好石灰化汁涂浆，入桂桶下煮，火以八日八夜为率……用柴灰浆过，再入釜中，其中按平，平铺稻草灰寸许……如是十余日，自然臭烂，取出入臼受舂，舂至形同泥面，倾入槽内。

宋氏跟着描述如何以纸帘从槽中取得纸浆，再从纸帘上将纸覆落板上，压水去湿，最后在热墙上将纸焙干。这种方法一直流传未废。约在200年后的杨钟羲（1850～1900）所描述的竹纸制造过程，和《天工开物》的记载大致相同。只是杨氏提到由伐竹开始到纸焙干，一共要经过72次人手，并引述当时造纸的谚语为证："片纸非容易，措手七十二。"直至今日，人工以竹造纸的工艺流程大致和从前一样。

五、其他造纸原料

除了上面所提到的数种主要原料外，很多其他的植物也用于造纸，最普遍的当属稻麦的茎秆。草纸的制造，比其他种类的纸张都来得简单。由于稻草茎秆的纤维体柔软，提炼时的舂捣过程可以缩短。苏易简提到江浙一带以麦茎稻秆造纸，而混以油藤的品质最佳。宋应星也提及以竹和稻秆混合制造包裹用纸。亨特对造草纸的过程作如下说明：先将茎秆略为舂烂，再放进石灰溶液，浸透后倒在坑内。当茎秆完全分解后，即放进布袋内。然后把布袋放在溪涧里，将石灰质冲净。今日包裹用纸、火纸和卫生用纸，仍多是用稻草茎秆制成。

绘画和书法所用的"宣纸"，主要是以檀皮制成。檀树是一种硬木，生长的地区主要是在安徽宣城一带。在出产宣纸的泾县流传着一个传说：东汉时蔡伦的一位门徒孔丹发现檀皮浸在溪水里，日久腐化，转为白色，可以作为造纸原料。

另一种造纸原料是习称"芙蓉"的木槿。一般相信唐代女校书薛涛所造的书笺即是以芙蓉皮制成。宋应星说："四川薛涛笺，亦芙蓉皮为料煮糜，入芙蓉花末汁。或当时薛涛所指，遂留名至今。其美在色，不在质料也。"

△ 芙蓉

用海苔所作的"侧理纸",常见于古代文献。公元4世纪的王嘉说:"(张华)造《博物志》四百卷,奏于武帝……即于御前赐……侧理纸万番,此南越所献。后人言陟里,与侧理相乱。南人以海苔为纸,其理纵横邪侧,因以为名。"公元4世纪后的很多作者常提到以海苔造纸。苏易简也提及南方以水苔造纸。不过,我们不清楚海苔是侧理纸的主要原料,还是许多混合原料中的一种。海苔是由修长、坚韧和有黏性的纤维组成,很有可能被用在造纸或上胶过程中;而那些复杂错综的细丝则被留在纸面上,成为一种装饰图案。

虽然棉花能提供最佳的纤维体,但是棉花并没有成为造纸的主要原料。时至今日,造纸工业仍避免使用生棉造纸,这大概是因为棉花是纺织业所必需的原料,用于造纸,不合经济原则。至于所谓"棉纸",并不是以棉花制成。宋应星说:"其纵文扯断如绵丝,故曰绵纸。"近日,棉的茎秆也有用于造纸,但"棉纸"并不是棉花制成,应是毋庸置疑的。

蚕丝是否曾被用作为造纸原料,尚难断言。关于丝应用于造纸的记载,一般都是根据文字学上的臆测,而缺乏明确的证据。一般学者认为"纸"字从"糸",因此最早的"纸"应是用丝制成。在纸发明前,文字多记录在缣帛上。在纸发明以后,"纸"即成为缣帛的代替品。虽然"纸"字是从"糸"旁滋生而来,但纸并不一定就是丝所制成。很多包括"糸"部首的字,如绳、索、结、缌等,也只是说明所代表的是一种纺织物,或近似的物体,而不一定是以丝制成。从技术方面来说,专家们都指出纯丝纤维体缺乏能使植物纤维体结合在一起的黏性。纯以丝质纤维体制成的纸，今日尚未有发现。而早期的文献上也无任何纯丝造纸的记载。

丝纤维可能和其他纤维体混在一起作为造纸原料，或者蚕茧的丝绵也可能被采用过。文献上常提及"蚕茧纸"如公元6世纪的虞和及公元8世纪初的何延之都谈到大书法家王羲之喜用蚕茧纸。北宋年间专为抄写佛经而制成的"金粟笺"，据说也是以蚕茧制成。宋应星说纠缠或破碎的蚕茧都不能缫丝，而被制成一种用于被褥和衣裳的质料，叫做"锅底绵"。很可能这种丝的废料和丝绵被用于制纸，因为蚕茧含有一种胶质，可以将纤维体粘在一起，而这种胶质在缫成丝后即不复存在。

当造纸术在12世纪中叶传入欧洲时，欧洲的造纸匠显然并不知道以新鲜植物纤维体造纸。在造纸术西传后500余年，西方的纸都是以麻质或棉质的破布制成。18世纪初叶以后，破布来源逐渐短缺，价值昂贵，不再是一种廉价的造纸原料，欧洲的科学家不得不寻求新的原料，以应付造纸业日益增加的需求。不少种类的植物都被加以试验，包括大麻、树皮、木材、茎秆、葛藤、苔藓和谷壳，虽然十多个世纪以前，中国早已采用这些植物原料造纸。至于木浆最后被普遍采用，是从19世纪初叶才开始，因为来源充足，从此成为造纸业的最主要原料。由于中国的森林资源有限，木材主要是留为建筑和制造器具之用，很少用于造纸。时至今日，中国造纸业仍被鼓励采用木材以外的其他植物，作为造纸的主要原料。

古代帘模是怎样发明的

　　造纸的最初意念，可能起源于用布或席把沤浸糜烂的纤维从水中捞出，成为薄薄的一层或一张，这是造纸过程的重要一步。然而要使纤维成为纸，最关键的是需有一种既能捞出纤维又能使多余的水滤去的工具。后来，使用了特别设计的抄纸帘网，才使造纸技术得到改进。多少世纪以来，帘模一直是手工造纸的最重要工具，也是现代造纸机械设计所依据的基本原理。造纸术发展演变的全部历史，都与帘模的构造有密切的关系。因此，要了解造纸的起源和发展，必须对帘模有详尽的认识。

　　抄纸帘模的使用有两种方式：一种做法为先将帘模垂直浸入已分解的纤维悬浮液中，再改变为水平姿势，使纤维浮于上面，然后提出水面，使纠结的纤维如处筛中，让多余的水分自帘中滤下；另一种做法为先将帘模水平置放，把浆液倾倒上去。帘模的布帘把湿的纤维质阻留在模上，形成一层薄页，余水从帘孔中滤下。这时形成的沉积纠结的纤维体便留在模上，然后连模一起放在日光下晒干。

　　一、浮式布帘

　　一般认为古代中国人造纸，最早使用的帘模是织成的布帘，或称浮帘，将沤解的纤维质倾倒在上面，形成湿的纸页后，即留置模上，待其干燥。西方科学家亨特于20世纪30年代在中国游历时，发现广东省仍在使用这种织成的模具。据说织成的布帘是用苎麻（又称中国草）织造，固定于竹制框架上，然后用细竹丝穿透麻布缝在竹框周围。抄起的纸所含水分经过干燥后，很容易地自模上揭下。纸模布质的经纬纹理以及缝布的竹篾极可能在纸上留下印痕，正像今天手工造纸形成的水纹一样。根据上述关于现代中国南部这种原始式纸模的观察报告，我们可以相信这种推断是有一定道理的。

中国文献中没有关于古代抄纸帘模构造的记载，但《说文解字》对于"纸"字所下的定义"絮，苫也"，有助于对抄纸模具的形式与材料的了解。"苫"字在宋本《说文解字》中的意思是编茅而成的盖物席。汉代所用早期的席可能用某种草类编成，用以支撑浸碎的纤维任其水分从孔隙中流去。这种用具极可能在某些地方仍然以其原始形式存在，而且基本构造也设有太大的改变。亨特特别感兴趣的是，他发现这种模具的地点，离蔡伦诞生之地耒阳不过三百多公里。

亨特同时提到，在亚洲各地从未发现过公元2世纪以前用布制纸模抄造的纸实物，因为用这种方法制造的纸，纸面上必然有织成的帘布的表面印痕。确实在过去没有见过这类印有明显帘纹的实物。但1957年发现的灞桥纸，及近年发现的其他古纸，据报告均有帘布的印痕。如果这种分析无误，完全可以证明关于汉代造纸最早使用这种浮式帘模的论述是正确的。

二、浸入法的抄纸帘

对于为期稍后的残纸实物，经过检验分析，都证明所使用的造纸抄具属于另外一种类型。这种帘模称为浸入式或抄浆式纸帘，用法是将模浸入充满悬浮的纤维液的榷内将纸浆抄起；其发明必稍后于浮式布帘。造成一种新的纸帘，使湿纸不待干燥即能从其上揭下，这种意念的产生确是造纸术最重要的改进。但是要使湿漉的纸从模上转移到板上而仍完好无损，需要制成一种平滑而坚固的网筛状平面，以使湿纸能容易地自上剥离。为此目的，古人以极细薄的竹丝刮削去棱，或纵或横整齐并列，并每隔一定距离用丝、亚麻或兽尾的鬃毛捻线绕固，制成抄纸的网帘。

这种纸帘的详细制法或具体形状，早期的文献都没有记录。有关模帘最早的图画及文字说明，见于明末宋应星所著《天工开物》一书。宋氏谈道："凡抄纸帘，用刮磨绝细竹丝编成。展卷张开时，下有纵横架框。"显然帘并非永久性地固定在框上。将帘连框浸入浆槽内的纤维悬浮液中，把绞结成毡状的纤维抄起，滤水后，再将帘模反转扣置，使结成薄层的纤维落于木板上。如此反复扣落叠积成一堆，再加板重压出水分，上墙烘干。

由此可见，所制纸的质地是否精致，很大程度上决定于抄纸帘的构造，因而其技艺遂成为一种秘密。清代后期一作者曾述及浙江南部有一唐氏家族深秘其制帘方法，拒绝对外姓人传授。

三、纸上的帘印

帘上的竹丝往往在纸上留下印痕，这个道理，与近代造纸术在纸上形成水纹是一样的。根据纸上痕迹，可以推断早期造纸术中帘模的构造与形状。据报道，最近在罗布淖尔、灞桥及居延发现的古纸残片，并没有明显的帘网印纹。在新疆及其他地区发现的公元2世纪及公元3世纪的纸也与此相同。但传世的唐代及以后的纸品实物，制造时所用帘模的结构情况，都在纸上明显可见。自公元3世纪后期及4世纪以下，纸上帘纹也清楚可辨。据报道敦煌所出许多古纸的实物有两种明显不同的帘印痕迹。晋代及六朝（265～581）以及五代（907～960）的纸都有较宽的横纹水线，而隋唐两代（581～907）的纸则有细密的帘纹。亨特所检视的一些唐纸每2.54厘米有23条竹丝印痕，帘的兽毛编结的印迹，约相隔2.7厘米。

帘模制作的方法，可能因地区相异有所不同。宋代的一项文献资料说明在中国北部帘模的竹丝是横编，因而北方之纸纹均属横向；而在中国南部，帘是直编，因而南纸之纹均为纵纹。这种论断曾成为书画家及考古者鉴别古纸的依据。然而近年来对现存这一时期古纸的检验结果，说明这种依据并不完全可信。其后各时期纸的帘纹，文献中没有类似的记载。但实物传世很多，经过化验分析，说明自公元4世纪以来，几乎所有纸品的帘纹全是横向排列。

综上所述，可以得到结论：公元3世纪以前所使用的是用布制的浮式帘模，自4世纪起开始用竹丝编制的浸式帘模，前者纸可以直接在模上晒干，不需要叠积在板上后再榨水揭剥的手续。使用后者，随抄一纸，随落在板上，纸与纸之间不像欧洲造纸者那样用布隔开。由于竹模表面平滑光洁，湿纸的纤维不会像使用布制帘模时黏附在帘上，这种新工具，不必等待每一张纸在模上干燥揭下后，才能抄制下一张，同一帘模可以连续使用，抄捞无限的纸张。这的确是造纸技术上最有意义的进步。

古代造纸的工序是怎样的

　　古代造纸主要凭借手工，利用自然资源、各种工具、器皿以及化学剂物均以手工制成。工场常选在近山傍水之处，近山易得材料、薪炭，傍水则易收沤煮、洗荡之效。制纸方法虽因所用材料、时期、地点不一而略有异同，但基本步骤则千百年来大致相类，未有很多改变。

　　早期的文字资料对于各种用途纸的质地与开张尺寸多有详述，然而对于造纸的详细方法却很少有记录留存。直至17世纪初期，才有宋应星撰著的《天工开物》，该书第十八卷就竹及楮皮造纸的技术做了专门的叙述，并附有明细的插图。该书第十三卷"杀青"卷则详述了造纸的程序，如浸沤原料，捣碎、蒸煮、漂洗、漂白使成为纤维糜浆；用帘抄纸；叠纸压榨出水；最后揭贴火墙上焙干等。以下各小节均引自《天工开物》：

　　一、材料的制备

　　凡造竹纸，事出南方，而闽省独专其盛。当笋生之后，看视山窝深浅。其竹以将生枝叶者为上料。节界芒种，则登山砍伐。截断五七尺长。就于本山开塘一口，注水其中漂浸。恐塘水有涸时，则用竹枧通引，不断瀑流注入。

　　浸至百日之外，加工槌洗，洗去粗壳与青皮（是名"杀青"）。其中竹穰形同苎麻样。用上好石灰化汁涂浆，入楻桶下煮，火以八日八夜为率。凡煮竹，下锅用径四尺者，锅上泥与石灰捏弦。高阔如广中煮盐牢盆样，中可载水上余石。上盖楻桶，其围丈五尺，其径四尺余。盖定受煮，八日已足。

　　歇火一日，揭楻桶取出竹麻，入清水漂塘之内洗净。其塘底面、四维皆用木板合缝砌完，以防泥污（造粗纸者不需为此）。洗净，用柴灰浆过，再入釜中，其中按平，平铺稻草灰寸许。桶内水滚沸，即取出别桶之中，仍以灰汁淋下。倘水冷，烧滚再淋。如是十余日，自然臭烂。取出入臼受春（山国皆有水碓），春至形如泥面，倾入槽内。

二、抄纸、烘干过程

凡抄纸槽，上合方斗，尺寸阔狭，槽视帘，帘视纸。竹麻已成，槽内清水浸浮其面三寸许，入纸药水汁于其中（形同桃竹叶，方语无定名）。则水干自成洁白。

凡抄纸帘，用刮磨绝细竹丝编成。展卷张开时，下有纵横架框。两手持帘入水，荡起竹麻入于帘内。厚薄由人手法，轻荡则薄，重荡则厚，竹料浮帘之顷，水从四际淋下槽内。然后覆帘，落纸于板上，叠积千万张。

数满则上以板压，俏绳入棍，如榨酒法，使水汽净尽流干。然后以轻细铜镊逐张揭起焙干。

凡焙纸，先以土砖砌成夹巷，下以砖盖巷地面，数砖以往，即空一砖。火薪从头穴烧发，火气从砖隙透巷外，砖尽热。湿纸逐张贴上焙干，揭起成帙。

三、造竹纸的步骤

约在宋应星后200年，又一学者杨钟羲在《雪桥诗话续集》中对于制造竹纸的具体过程，据亲眼所见者的报告写出了制造竹纸的过程。杨氏与宋应星所叙述大致相同，但也有几点可以补充宋应星记述的不足。

杨钟羲在书中说钱塘人黄兴三游常山（在今浙江省），山中人告诉他，造纸需经十二道主要步骤，记述如下：

造纸之法，一曰折梢，取稚竹未桩者摇折其梢，逾月斫之。二曰练丝，渍以石灰，皮骨尽脱，而筋独存，蓬蓬若麻，此纸材也。三曰蒸云，乃断之为二，束之为包，而又渍之。四曰浣水，渍已，纳之釜中，蒸令极热，然后浣之。浣毕，曝之。五曰曝日，凡曝，必平地数顷如砥，砌以卵石，洒以绿矾，恐其莱也。故曝纸之地不可田。六曰渍灰，曝已复渍，渍已复曝，如是者三，则黄者转而白矣。其渍也必以桐籽或黄荆木灰，非是则不白……七曰礁雪，伺其极白，乃赴水碓春之，计日可三担，则丝者转而粉矣。八曰囊涑，犹惧其杂也，盛以细布囊，坠之大溪，悬板于囊中，而时上下之，则灰

△ 纸是中国古代四大发明之一，最早出现于西汉，东汉时经蔡伦改进，进入实用阶段。在18世纪以前，中国造纸技术一直处于领先地位。造纸工艺过程大致经过四个步骤：（1）原料加工（2）制浆（3）抄纸（4）干燥与砑光。

质尽矣。皎然如雪……九曰荡料入帘，其制，凿石为槽，视纸幅之大小，而稍加宽焉。十曰织帘，织竹为帘，帘又视槽之大小，尺寸皆有度。制极精，唯山中唐氏为之，不授二姓。槽帘既备，乃取纸料受之，溃水其间，和之以胶及木槿，质取黏也。然后两人取帘对溓，一左一右，而纸以成。十一曰覆帘压纸，即举而复之傍石上。积百番，并榨之以去其水。十二曰透火焙干，然后取而炙之墙。炙墙之制……虚其中而纳火焉。举纸者以次栉比于墙之背，后者毕，则前者干……凡溓与炙，高下急徐，得之于心，而应之于手……

四、制造皮纸法

宋应星谈到制造楮皮纸时，描述对老树就根伐去，盖上土，来年再长新条，以及在楮皮中掺入竹麻或宿田稻秆的方法，但并未详述造纸的各个步骤，显然因其与造竹纸相仿佛而略去。关于掺入他种材料，宋氏说："凡皮纸，楮皮六十斤，仍入绝嫩竹麻四十斤，同塘漂浸，同用石灰浆涂，入釜煮糜。近法省啬者，皮竹十七而外，或入宿田稻秆十三。用药得方，仍成洁白。"

亨特曾亲见中国造纸方法，他说制造皮纸的方法，与造竹纸相似。但欲使楮皮纸浆能制成纸，需先加入用一种落叶树的叶子所制的黏性胶质物。一般来说树皮制纸比用竹制纸更为复杂繁重。

古代纸的处理与加工是怎样的

在抄纸之前，需在纸浆中加入黏性溶液和某些不溶性材料，以改进成品的物理及化学性质。成纸之后，有时又用某些特殊材料进行加工，如加胶、上浆、染色、涂色以及表层涂料等，以防蠹蛀腐朽，并增进纸的美观。为此需使用各种植物、动物及矿物性的成分进行处理。其制备和施用方法极为复杂精细，这些也都是造纸术在技术上和艺术上取得进步不可缺少的步骤。

一、施胶及填料

加胶能使纸适宜于用墨书写，防止墨在纸中过分的吸收与洇散，为造纸的一种必须步骤。但除为书画在艺术上所必须外，加胶在造纸技术上也是必要的。胶质能使纤维质悬浮于纸浆槽内不沉淀，抄出之纸可保质地匀称，厚薄疏密一致。并且能使纤维之间的拉力增强。特别重要的一点是，胶质能防止纸张在由帘上落至板上堆叠时互相粘连。用某些极细的粉末状材料加入纸浆，使纸的透明度增高，质地得到改善，纸的质量也更为厚重。

最早期的纸纯为成张的纤维体，既不加胶，也不加粉浆。但是这两种方法可能在3世纪以前已经使用了。新疆发现的晋代（265～420）残纸实物均已掺有充分的胶浆。据分析报告这种纸张是先用石膏涂布表面，然后用地衣所制的树脂质或胶质进行上胶。稍后，开始用淀粉使纸张坚硬而结实。中国科学家近年来对于古纸的研究后发现，公元4世纪后期到公元5世纪初期的古纸实物，是在正面涂布淀粉并以石砑光。敦煌及新疆发现的公元5世纪初期的古纸是在纸浆中加淀粉作为加胶处理的。现代广东省造纸所加胶液是用"细叶冬青"的枝叶或杉木的刨花入水煮熬而取得。后者入水能析出一种黏性物体，过去常为中国妇女敷发所用。

近代的一本关于制造竹纸方法的著作中，记有另一加胶上浆的方法。书中谈到的施胶与填料的方法，既使用植物材料，也使用动物材料。所用动物胶是自牛皮中析出的明胶，用热水化开，与细滑石粉一起加入已制成的纸浆内。每用纸浆二十斤，需牛皮胶二三两，滑石粉一二两。所用植物材料是中国称为"黄菊葵"或"秋葵"的木槿属植物，因为比动物胶价廉，所以造纸业乐于使用。方法是把秋葵根洗净切片，冷水浸渍一夜，用手揉出黏液，再用细布滤清。混入纸浆后能使纤维软化。其他书中曾述及杨桃藤和木槿等也可用于施胶。

黄豆是中国造纸术中所用的主要填料，方法是先将黄豆浸于水中五六小时，取出磨成糊状，用布滤去水分，析出淀粉质。水洗数次之后，将原材料放入约一尺深装生纤维的桶中，让淀粉从上淋下，并可再添加混以浆水的生纤维。这样可使纤维软化，并能互相黏附，用清水漂洗，再用赤足踩踹，或用水碓舂捣。

二、染潢

将纸染成浅黄色的工序，称为"染潢"，可能自很早时期已经采用，至公元2世纪或3世纪开始广泛用纸制作书籍时，染潢的方法已经普遍使用。最早的一部辞书《释名》为刘熙所撰，其中"潢"字即释为"染纸"。公元3世纪的孟康曾提到当时的纸染成黄色。著名文人陆云（262～303）在致其兄陆机（261～303）信中曾说："前集兄文二十二，适讫一十。当潢之。"显然当时将普通的纸染色已很通行，染色可防止蠹蛀，并使纸面光洁。染料取自黄檗树的汁液，以其芳香和有杀虫的功效，可以辟虫豸。制法是把黄檗树内层皮质浸于水中，把黄色味苦的成分浸出，制成液体来染潢。

贾思勰（公元5世纪）于其《齐民要术》中，对于黄檗药液的制备与使用有如下叙述：

凡打纸欲生。生则坚厚，特宜入潢，凡潢纸灭白便是，不宜太深。深则年久色暗也。人浸蘗熟即弃滓，直用纯汁，费而无益。蘗熟后漉滓，捣而煮之，布囊压讫，复捣煮之。三捣三煮，添和纯汁者，其省功倍，又弥明净。写书，经夏而后入潢，缝不绽解。其新写者，须以熨斗缝缝熨而潢之。不尔，久则零落矣。

现存的敦煌抄本纸卷中，经过染潢处理的极多。其中已知年代最早的是一份500年缮写的经卷，约长二十六尺，染为黄色，只征末端留有一块原来的白色未经染治。而其他年代的纸本中也有经潢染的，公元七八世纪的手抄本中尤为多见。据说经过处理的若干抄本保存情况比未经处理的更为良好。有时卷中还提到染潢匠人的名字，足以说明这类匠师在装制书籍中的重要地位。

敦煌残卷中，有于671～677年缮写的约20部佛经，署明了装潢匠的名字，如解善集、王恭、许芝、辅文开等。也有数部提到了装潢匠，但姓名不详。装潢匠在当时与抄书手、拓书手、造笔匠等并列，于朝廷各部门供职。723～738年的《唐六典》以及新、旧《唐书》对于各学术部门设置装潢匠与熟纸匠的正式职位都有记载，其中有门下省9人、集贤殿6人、崇文院3人、秘书省10人，其职务为处理加工纸张供书写文件之用。高宗上元二年（675）颁布诏令中说："诏敕施行，既为永式，比用白纸，多有虫蠹。宜令今后尚书省颁下诸司、诸州县，宜并用黄纸。"此种染潢之制一直延续到宋代，因为书籍的形式由卷轴变为折页时，才停止使用。

用药剂处理纸张防止蠹腐的另一方法，是用红丹（又称铅丹）涂纸，红丹为铅、硫黄与硝石的混合物。用这种化学物品处理过的纸，颜色变为鲜亮的橙红色，称为"万年红"，对于蠹虫具有毒性。明、清两代广东地区用这种纸张装订的书，都免遭虫蛀，至今保存完好。红丹的制法，宋应星在《天工开物》一书中也有详细记录：

凡炒铅丹，用铅一斤、土硫黄十两、硝石一两。熔铅成汁，下醋点之。滚沸时下硫一块，少顷，入硝少许。沸定再点醋，依前渐下硝、磺。待为末，则成丹矣。

用这种粉调以水及少许植物胶，加热成为溶液，再施于纸上，待于后，以它作为书的扉页及尾页，装订在书皮内，可以保护中间未经处理的书页免遭虫蛀。自书的形式由卷轴变为折页后，要将一本书全部如以前之法潢染已不可能。将红铅处理的毒性较烈的纸作为插页装入书籍，事实证明远较旧法更为简易有效，解决了折页书籍无法潢染的问题。

三、着色

纸的染潢主要目的是为防了蠹蛀并延长寿命，而纸的着色则是为了美观。已知年代最早的着色纸张可能是汉朝的"赫蹏"；公元3世纪孟康称之为"染纸素令赤而书之。若今黄纸也"。如果这是正确的，则早在公元前1世纪即已使用红色纸张了，而黄色纸张在公元3世纪开始应用。东汉（公元25～220）时宫廷中，皇太子初拜，给赤纸、缥红麻纸各100张。黄色纸的使用一直延续了几个世纪，直至唐代达到巅峰，当时凡属官府正式文件均用黄纸缮写，需要保存久远的其他各种文件和书籍，如佛经等，也写在黄纸上。

其他各种颜色的纸也很早即已使用，至唐代产量增加、式样变化，而使用更见普遍。公元4世纪或5世纪时，四川所用笺纸称"桃花笺"，有缥绿、青、红等色。到唐代，花色更多，四川笺纸已染成十种颜色，为：深红、粉红、杏红、明黄、深青、浅青、深绿、浅绿、铜绿和"浅云"色。其他尚有多种艺术性很强，设计巧妙的各色各样的纸，专供书法、信件、作诗，以及不同场合的装饰之用。此外，唐代薛涛所设计制造的小型深红色"薛涛笺"，自四川传至别省，数百年仿制不绝。

某些纸品的染色，显然是在纸浆中加入颜料而成，但亦有不少纸类是在成纸之后再行施色。文献记载称以十纸为一叠，用竹夹夹在每纸的顶端，以各色之水逐张施色浸染，干后色彩鲜明。

为仿制古纸，尤其以伪造古代书画为目的"染古"之法：将纸加以染色或烟炙而成，或以香灰撒布在纸上，再用硬刷刷去，甚至还有以水调土涂在纸上。这样能使纸张呈黄灰色，像数百年旧物一样呈现黝黯之色。但人工染旧的纸，反面也呈灰色，而真正旧纸只是正面变色，反面较白，易于区别。宋代鉴赏家赵希鹄（约于1200年在世）曾指出：

鬻书者多以故纸浸汁染膺迹，又以墨杂朱作为印章，令纸暗。殊不知尘水浸纸，表里俱透，若自然色者，其表色故，其里必新。微揭视之，则见矣。

米芾（1051～1107）也曾说："干熏香烟臭，上深下浅。古纸素有一般古香也。"

四、涂布涂蜡

为使纸张光亮坚硬并呈半透明状态，常用黄蜡涂在上面。这种蜡纸称为"硬黄"，也称为"黄硬"。涂蜡是用烧热熨斗熨烫，使蜂蜡匀布纸面。涂蜡之后，纸面光洁，纸质挺括、透明，可用来摹描书画。也可使年深日久而变为暗淡的纸重显光彩。由唐代起，历经数朝，均用这种方法使旧纸见新，或钩摹书画。张彦远（约于840年在世）曾指出："好事者常宜置宣纸百幅，用法蜡之，以备摹写。"张世南（13世纪）曾记述使用热熨斗在纸面均匀涂蜡，并说这种加工过的纸略为变硬，但表面光亮平滑，晶莹透明如明角，透过它细小的纤维都能看见。明代学者李日华（1565～1635）曾说：

硬黄者，嫌纸性终带暗涩，置纸热熨斗上，以黄蜡涂匀，纸虽稍硬，而莹澈透明，如世所为鱼枕明角之类，以蒙物，无不纤毫毕见者。大都施之魏晋钟、索、右军诸迹，以其年久本暗。

由上可见，硬黄纸显然分为两种：一种是用黄色杀虫物质染色，供书写之用；另一种用黄蜡涂染，供摹描法帖书画。董迪（活动于1127年）说："硬黄，唐人本用以摹书。唐又自有书经纸。此虽相近，而实则不同。唯硬厚者，知非经纸也。"称为"硬黄"的纸一般被描述为厚重坚韧，莹澈光滑。其开张较小，分量较重。清代的一位学者曾说唐朝的硬黄纸，"长二尺一寸七分，宽七寸六分，重六钱五分"。

除硬黄纸以外，还应提到"雌黄"一词。早期文字资料中的雌黄是指一种矿物，其化学成分为As_2S_2，与"雄黄"（As_3S_2）性质相近，均有毒性，能杀虫。雌黄不溶于水，制法是研磨矿石成粉末，混以树胶，形成坚硬的棒状。使用时将雌黄沾水研磨成汁液，然后涂于纸上，以防蠹蛀。贾思勰曾叙述用雌黄涂书卷之法，雌黄也用于涂改文字。由于多数的文件都书写在黄色纸上，很容易用雌黄涂改错字。沈括曾说："馆阁新书净本有误书处，以雌黄涂之……一漫即灭，仍久而不脱。"因此一般以雌黄为窜改文字的代称。产生了"信口雌黄"这一类的成语。

现代造纸原料有哪些

我国是多种造纸原料并用的国家。我国造纸原料选用的方针是：草木并举，因地制宜，逐步增加木材比重。我国由于木材资源不足，草类原料资源比较丰富。

近几年来，由于纸和纸板产量的快速增长，生产和技术水平不断提高，随着高档纸种比重的增大，以及环境治理力度的加大，关停了大批小型草浆造纸厂。草浆的产量基本维持较稳定的水平，木浆比例不断加大，废纸制浆造纸应用范围不断扩大，致使木浆和废纸浆比例大大增加。据了解，2005年我国造纸原料的使用情况，草浆：废纸浆：木浆大约为30：50：20。木浆增加的原因是进口木浆数量增加，并且造纸企业利用速生丰产林和林业边角材制浆的数量增加，废纸浆增加的原因主要是利用废旧报纸生产新闻纸的比例增加，新上板纸生产线多使用进口和国产废纸和废纸箱。

△ 现代造纸原料：白杨树

从发展的角度来看，随着我国林纸结合，大批速生丰产林进入砍伐期和废纸进口、回收比例的加大，整体上木浆和废纸的比例仍然还会有较大幅度的增加，而草浆的生产将保持在一个稳定的水平上。

我国使用禾本科造

纸纤维原料，北方和西北主要是以芦苇、麦草、稻草等为主，南方主要以竹子、蔗渣等为主。

速生丰产林造纸，北方主要以杨木为主，包括白杨、青杨、三倍体毛白杨等；南方主要以桉木和相思树等为主。

据有关专家预测，至2020年，我国纸和纸板产量将达到1亿吨，按每吨纸需浆量为900千克计算，届时我国需纸浆9000万吨。

如此大的原料需求量，势必造成原料上的供不应求。因此，除大力发展速生丰产林造纸，加大废纸回收利用的力度外，还应因地制宜，开发多种造纸纤维原料，特别是保持目前适度的草浆规模是非常必要的。草类纤维原料的应用，不但能解决造纸用纤维原料的短缺问题，还可大大增加农民的收入，避免燃烧秸秆造成环境污染和火灾发生。但应避免小型制浆厂遍地开花，应集中制浆，扶持大型制浆造纸厂，以利解决草类纤维原料蒸煮废液处理问题，更有利于造纸行业健康和可持续发展。因此造纸纤维原料的正确选择，意义十分重大。

什么是备料

备料是制浆过程中的重要环节之一。备料的好坏直接影响了浆和纸的质量和产量，影响原料的消耗和能量的消耗，以及生产过程的操作。所谓备料是指蒸煮或磨浆之前对原料的初步加工。一般包括原料的收集、运输、储存、切断、筛选、除尘等部分。原料不同，其备料方法不同，生产流程也不同。生产不同类型、不同质量的产品，对备料的要求也不一样。如草类纤维原料、木材纤维原料、废纸纤维原料备料过程相差较大。

备料的目的是对纤维原料进行初步加工和处理，从而满足蒸煮和磨碎的要求，以生产合格的浆料。

备料过程要求如下：

一、为了确保工厂的连续生产，原料必须有一定的储存量。

二、对原料进行适当的切断，以便除尘、输送和蒸煮或磨浆。其中木材还需要削皮、锯木、劈木、除节、削片等环节；蔗渣原料还需除髓；芦苇原料必要时还应除去苇穗等。

三、备料中，必须除去影响制浆的杂质及腐朽部分。如树皮、树节、烂草、苇膜、苇穗、蔗髓、泥沙等。在备料过程中为除去这类杂质，需选用适合的设备进行加工处理，以保证制取良好的浆料。

备木流程主要是根据原木规格、产品品种和生产规模来决定，备木过程一般包括：原木贮存、锯木、去皮、除节、劈木、削片、筛选和再碎等过程。该流程适用于生产化学浆和磨木浆，也可只选其中的一种生产方法。

在生产中用到大径材时，锯木后就需用劈木机劈开，以提高磨木机装料量。如果大径材的直径超过削片机的承受力，就需用锯扳机锯开后才能送去削片。

用原木、板皮等生产木片磨木浆的流程和利用枝丫材、板皮等生产化学浆的流程相似，如果采用外购木片，就可以省去削片机等设备，但需增加木片洗涤设备。

原木怎样去皮

造纸用木材一般含有10～14%的树皮，而树皮又有外层和内层之分。由于外皮的纤维素含量低，杂质含量高，它会使蒸煮锅的效率降低，制浆化学药品消耗增加，纸浆中尘埃增加，强度降低。因此，在生产质量要求高的纸浆时，一般都要去掉外皮，就是残留的外皮，在生产磨木浆、亚硫酸盐浆和人造纤维浆时也需除去，以免影响浆的质量。若是生产纸袋纸用的硫酸盐浆，残留外皮可以不除。在利用枝丫材生产纸板时，一般不去皮，内皮一般均不要求剥除。

原木去皮的方法主要有人工去皮、机械去皮和化学去皮3种：

一、人工去皮

人工去皮是由人工用去皮刀剔除树皮。其优点是去皮干净，木材损失率低，为1.5～2.0%。但缺点是劳动生产率低，一般每人每日处理原木2.5～4.0实积m3；而且劳动强度大，在冬季结冻时去皮更加困难。林区及小型企业的木材去皮多采用此法。

二、机械去皮

机械去皮主要在大、中型企业采用，它的设备类型很多，按其工作原理可分为：滚刀式剥皮、摩擦剥皮、水力剥皮及挤压剥皮。

国内制浆造纸企业目前主要采用滚刀式剥皮机和摩擦式圆筒剥皮机。随着木片工业的发展，林区将进行全树削片，挤压去皮也将会在一些企业中获得应用。水力剥皮国内很少采用。

三、化学去皮

化学去皮法，系用砷酸钠等化学药品对未砍伐的树木进行化学处理，使树木死去，易于剥皮。此法在北方对鱼鳞松、铁杉、白杨、桦木等最有效。在南方潮湿地区则不适宜，故国内未采用。

什么是亚硫酸盐法制浆

把切成片的植物纤维原料和亚硫酸盐混在一起蒸煮以制取浆料的过程，称为亚硫酸盐法制浆，简称亚硫酸制浆或酸法制浆。按蒸煮液的主要组成成分和pH值的不同，亚硫酸盐法制浆可分为四类：

一、酸性亚硫酸盐法

pH值为1～2，药液中除含亚硫酸氢盐外，还含有过量亚硫酸，亦即溶解SO_2。由于pH值低，易使半纤维素水解而受损伤较大，一般草类纤维原料不宜采用，同时，此法还易使木素发生缩合，或使木素与木材中所含的多酚类物质缩合，故使适应的材种受到限制。所用的盐基通常用钙盐，也可用镁、钠、铵等盐基，本法主要用于制取化学木浆或化学工业用浆。

二、亚硫酸氢盐法

pH值为2～6，其药液的组成主要是亚硫酸氢盐，还可能有亚硫酸盐、亚硫酸及溶解SO_2。在pH值≤4.5范围内，一般对半纤维素损伤较大；而在pH值≥4.5时，对半纤维素的损伤较小。草类纤维原料可采用这种方法，而且木素不易缩合，适用的材种较酸性亚硫酸盐法广。可用镁、钠、铵盐基等，通常用于阔叶木浆和草浆生产。

三、中性亚硫酸盐法

pH值为6～9，药液的主要组成为亚硫酸盐和部分碳酸盐，本法对半纤维素损伤较小，由于药液中pH值较高，一般用来蒸煮草类原料，也常用于阔叶木半化浆或化学机械浆。

常用盐基为钠盐和铵盐，但在pH值偏向6时，也可以采用镁盐基。

四、碱性亚硫酸盐法

pH值大于10，药液组成主要有亚硫酸盐和碱，可适用于各种原料，盐基只能用钠、铵盐基，本法多用于多级蒸煮。

与硫酸盐法相比，亚硫酸盐法制浆有以下特点：

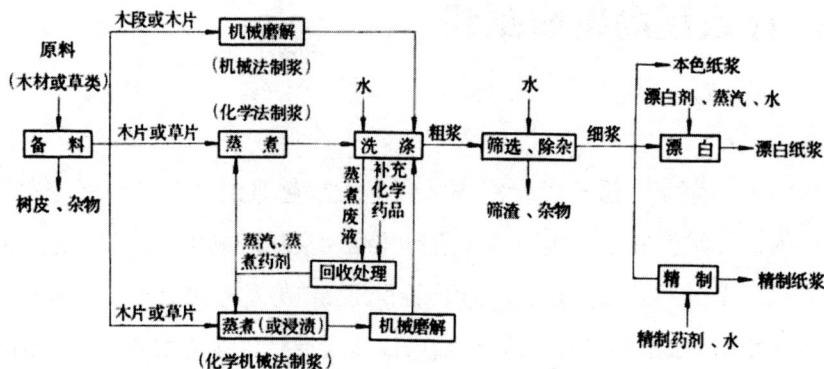

△ 亚硫酸盐法制浆工序

一、优点

本色浆颜色浅，易漂白，漂白剂及其他化学药品消耗量较低，且在蒸解度相同时，得率高一些，也较容易打浆；制造精制浆不需预水解，生产过程简单；制浆废液可以用来生产酒精、饲料、酵母、香兰素、黏合剂等。

二、缺点

蒸煮时由于原料磺化需要一定时间，故蒸煮时间长；需耐酸设备和管道，需配备制酸车间；钙盐基蒸煮液的完全回收尚未解决，对水源及空气污染较大；对原料品种、质量选择性强，一般含心材较多或树脂含量高的木材，特别是含多酚类的纤维原料不适合亚硫酸盐法蒸煮。

什么是高得率制浆

高得率制浆是在近一个世纪内才逐渐发展起来的，但最近30年来发展较快，人们开始发展了一些用于抄造新闻纸、文化印刷用纸、卫生纸、箱板纸等的高得率纸浆品种。当前，造纸工业面临的原料短缺是一个世界性的问题，造纸用木材的需要量正在不断增加，这给造纸工业的发展带来了相当大的困难。所以，发展高得率制浆成了当务之急，不但日本、意大利、法国等造纸原料紧缺的国家，就是木材资源比较多的美国、俄罗斯、加拿大等国家，也都很重视高得率制浆的发展。发展高得率浆既可充分合理利用森林资源和其他纤维原料，减轻造纸工业对环境的污染，又可满足产品性能的需要。

高得率纸浆顾名思义就是一种得率比其他制浆高的纸浆，这种纸浆的木素和半纤维素含量要比化学浆高。"高得率浆"这个词的意义比较笼统，是和得率低的化学浆（得率48%～55%）相对而言的。本书高得率浆一词即指半化学浆、化学机械浆和机械浆，各种浆的得率范围如下：

半化学浆　　　　65%～80%　预热机械浆　　　90%

化学机械浆　　　85%～90%　盘磨机械浆　　　90%～95%

化学预热机械浆　85%～90%　磨石磨木浆　　　90%～95%

上述几种纸浆的特点主要有如下几方面：

一、设备较化学制浆简单，投资省，建厂规模较小；

二、必须排出或进入污水处理系统的污染物较少，污染负荷较轻；

三、制浆得率高，不用或少用化学药品，生产成本低；

四、浆中含有细小和相对挺硬的纤维，使成纸具有较高的松厚度，良好的不透明度，快速而均匀的吸墨性能，良好的印刷运行性能；

五、纸浆强度比化学浆低，外观相对粗糙，纸张容易发黄和不宜长久保留。

废纸制浆有什么意义

造纸工业每年需要消耗大量的木材高达$7\sim 8$亿m^3，需砍伐几千万公顷林地，造纸用材占世界工业用材的27%。随着目前世界各国对森林资源、环境保护的重视，废纸作为二次纤维的来源，对它的开发和利用正受到世界各国造纸工业的重视。随着我国国民经济的高速发展，纸和纸板的消费量也快速增长，但我国是一个森林资源短缺的国家，合理地利用废纸，能大大减少木材用量以及污染较严重的草浆的使用量，具有重要的意义。

一、节约木材原料

采用废纸作为制浆原料，可以大大降低对木材的消耗，利用1吨废纸，相当于节约$2\sim 5m^3$的原木。众所周知，我国是一个森林资源十分匮乏的国家，世界森林平均覆盖率约为31%，而我国仅为13%左右。合理利用废纸资源，对于森林资源短缺的我国来说，具有重要的现实意义。

二、减少投资、降低生产费用

有关数据表明，废纸制浆系统的投资费用，只有化学制浆系统投资的1/3左右。不仅如此，利用废纸制浆还可以大大降低生产费用，每利用1号废纸，可以节约1.2吨的标准煤，可节电$600kW \cdot h$，节水100t。

三、降低污染负荷

废纸制浆产生的污染负荷低于化学浆，且大大低于以草浆为原料的化学浆的污染负荷。废纸制浆属于废物利用，是保护环境的最佳方法之一，这不仅仅是变废为宝，而且其生产过程中排出的"三废"都已有成熟、有效、可行的方法加以治理，可以保证达标排放。目前，为了弥补木材原料的严重不足，国内一些中小型厂家仍大量使用草类纤维作为造纸原料。然而，草浆制浆缺乏一套有效的废液回收系统，生产过程中产生的废液给我们的生态环

境造成巨大的污染。废纸浆的质量虽然比不上原生木浆，但却比原生草浆
（稻、麦草浆）质量要好。

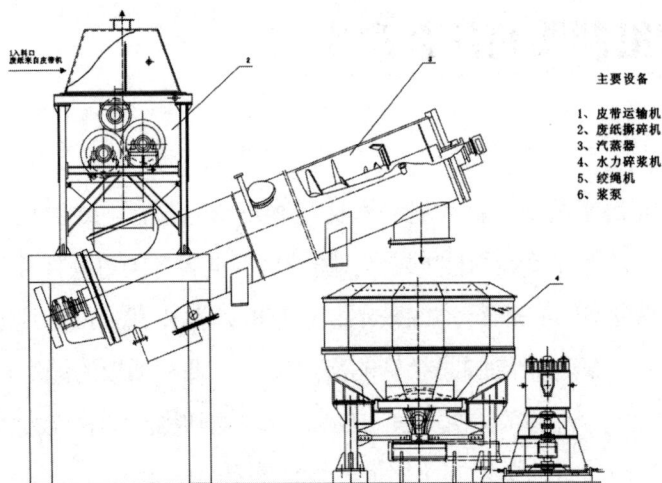

主要设备

1、皮带运输机
2、废纸撕碎机
3、汽蒸器
4、水力碎浆机
5、绞绳机
6、浆泵

△ 日处理50~100吨废纸板连续制浆生产线

目前国内所进口的废纸，基本上都是木浆制品，其中美国废纸因纸中原
生木浆配比高而质量优良。我国素有草浆大国之称，能用废纸浆取代草浆是
一件既能提高产品质量又能避免草浆制浆黑液难以有效治理的大难题，意义
十分重大。

什么是漂白

　　未经漂白的纸浆一般都较暗淡，并带有或深或浅的颜色。构成纤维的纤维素和半纤维素是无色透明的，只是由于结构上的多孔性，孔隙间包藏着空气才使纤维变成白色不透明状。一般纸浆中都含有一定数量的木素和有色物质以及其他杂质，使纸浆带有颜色。不同的原料、制浆方法、蒸煮条件，所得纸浆颜色深浅不一。其中亚硫酸盐法未漂浆最浅，磨木浆次之，碱法浆颜色最深。

　　一、漂白的目的

　　漂白是用漂白剂与纸浆中的木素和发色基团作用，使之变成可溶物，溶出变色的物质保留在浆中，从而达到漂白纸浆的目的，同时保持纸浆适当的物理和化学性能，满足抄造及纸张的性能要求。

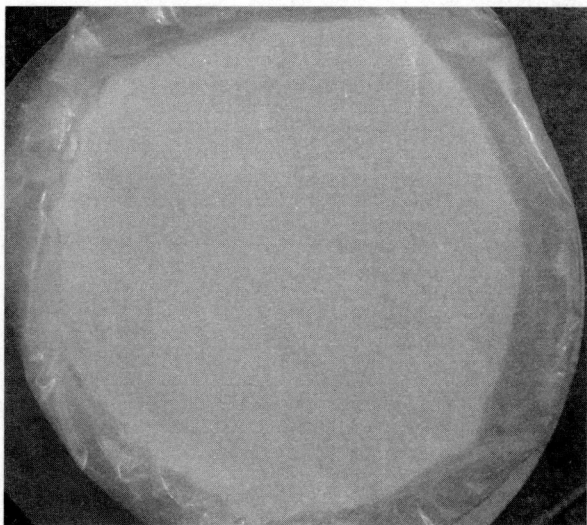

△ 纸浆漂白剂

　　二、漂白的作用

　　漂白是在比蒸煮缓和得多的条件下进一步除去木素，纯化纸浆。在某种意义上说，漂白是蒸煮的继续。漂白不仅提高了纸浆的白度，而且提高了纸浆的纯度，增加了纸张的适用性。

　　纸浆漂白的方法可分为两种。

　　一种称"溶出木素式

漂白"，通过漂剂的作用溶解纸浆中的木素，使其结构上的发色基团和其他有色物质受到破坏和溶出。此类溶出木素的漂白方法常用氧化性的漂白剂，如氯、次氯酸盐、二氧化氯、过氧化物、氧、臭氧等化学原料，这些化学品单独使用或相互结合，通过氧化作用除去木素，常用于化学浆的漂白。

另一种称"保留木素式漂白"，在不脱除木素的条件下，改变或破坏纸浆中木素结构的发色基团，减少其吸光性，增加纸浆的反射能力。这种漂白仅使发色基团脱色而不是溶出木素，漂白浆得率的损失很小。通常采用氧化性漂剂过氧化氢和还原性漂白剂连二亚硫酸盐和硼氢化物等。这种漂白方法常用于机械浆和化学机械浆的漂白。

什么是打浆

经过洗选、漂白、净化后的浆料还有很多的纤维束，纤维本身粗细、长短不均一。若直接用来抄纸，成纸匀度差，疏松多孔，表面粗糙易起毛，结合强度低，不能满足使用的要求。只有经过良好打浆抄造出来的纸才能组织均匀、紧度大、强度高，达到预期的质量指标。

打浆是一个复杂的物理变化过程，采用同一种浆料，随着打浆设备、打浆方式和打浆工艺与操作的不同，可以生产出多种不同性质的纸和纸板。打浆在造纸生产中占有极其重要的地位，是造纸生产中不可缺少的一项工艺操作。

所谓打浆，即浆料中的纤维受到剪切力的作用。这种作用可以来自打浆刀的机械作用，也可以来自纤维与流体间的速度梯度和加速梯度所产生的剪切力。

打浆主要有以下两大任务。

一、利用物理的方法，对水中悬浮的纤维进行机械或流体处理，使纤维受到剪切力，改变纤维的形态，使纸浆改变某些特性如机械强度、物理性能等，以保证抄出的纸和纸板能达到预期的质量要求。

二、通过打浆控制纸料在网上的滤水性，以适应造纸机生产的需要，使纸页能获得良好的成型，以改善纸页的匀度和强度。

打浆与纸张性质的关系

打浆对纸浆的性质有重要的影响。随着打浆的进行，发生两个基本变化即纤维结合力的不断增加和平均长度的不断下降。造成了纸张的一系列性质随之发生改变。我们以木浆打浆与纸张物理性质的关系为例来加以说明。

一、裂断长

裂断长主要是由纤维结合力、纤维平均长度和纤维自身强度、纤维交织排列等因素决定。在打浆初期裂断长上升很快，以后缓慢上升，到达一定数值后，反而产生下降的现象。这是由于打浆初期主要影响因素是纤维结合力，而后期主要是纤维的平均长度。随着打浆的进行，纤维的结合力不断增加，但纤维的平均长度不断下降，当后者的影响大于前者的影响时，便出现了转折。转折现象出现的早晚与打浆的方式有关。

二、耐破度

耐破度的变化与裂断长相似，但由于纸张在破裂时不仅受到拉力，同时也受到撕力的作用，所以在打浆度较高时，随着平均长度的下降，耐破度下降大于纸的裂断长。

三、耐折度

影响耐折度的因素是纤维的平均长度和纤维结合力，结合力对耐折度的影响不如对裂断长的大。此外，耐折度还与纤维的弹性有关，而弹性与纸张的水分有关，在一定范围内，耐折度随着含水量的增加而增加，但当水分含量达到一定限度后，因结合力下降过多，耐折度开始下降。

四、撕裂度

影响撕裂度的主要因素是纤维的平均长度，其次是纤维的结合力、纤维排列方向和纤维自身强度等。在打浆初期由于纤维结合力的提高，纤维长度下降不多，撕裂度显著上升；随后由于纤维长度的下降，造成撕裂度迅速下降。如亚硫酸盐木浆撕裂度的转折点在18°～25°SR时就开始下降；而耐折度的下降点在50°SR左右，裂断长一般是60°～80°SR。

△ 纸张的打浆度

五、紧度

纸张的紧度随打浆度的上升、纤维结合力的增加而不断提高。影响紧度的因素很多，主要是打浆度、纸料的种类、半纤维素含量、网上脱水情况、压榨和压光的压力等。

六、其他

纸张的透气度和吸收性随着打浆度的增加而降低，同时纤维的化学组成、半纤维素的含量、压榨和压光也都会影响纸张的透气度和吸收性。影响纸张不透明度的因素主要是纤维的结合力，随着打浆度的提高，纸的透明度增加，不透明度降低。

纸张的伸长率和伸缩性均随打浆度的提高而上升。其主要影响因素有打浆方式、纸浆的种类、半纤维素含量、纤维自身的强度和弹性、纸页干燥时所受张力的大小等。

常见纸病的检查

纸病，通常是指纸张外观上的缺陷，在造纸行业里称为"外观纸病"，习惯上，以缺陷的形象来命名外观纸病的名称。

纸张外观纸病很多，可分为透光纸病、折子纸病、皱纹纸病、浆疙瘩纸病、孔洞、尘埃六大类。每类纸病中，因产生的原因和地点不同，其外观特征亦不同。要消除纸病，首先要辨认纸病，即根据纸病的外观特征或形状，来确认产生的地点，查找造成纸病的原因，并及时得到处理，消除纸病。

纸张的外观纸病，不仅仅影响到纸张的外观形象，而且会影响纸张的使用和生产的正常进行，这方面的损失是无法估量的。优质的纸张，不仅要求物理指标合格，而且应有良好的外观，达到实用价值和外观美的和谐统一。

在生产过程中常见的外观纸病可用下列方法检查：

一、迎光观察：将纸迎着光源，让光线透过纸页，用肉眼观看，主要检查纸页的均匀度、纤维组织及孔眼。

二、平看：将纸张平铺在桌面上，光线由左方照射，眼睛离纸面一尺左右，目光正对纸面平看。一般在室内普通光线直接照射下进行，主要检查折子、皱纹、尘埃、脏点、孔洞、疙瘩等纸病。

三、斜看：用两手把有纸病的一边提高一些，从不同的角度斜看，用于检查有光泽或无光泽条痕、毛毯印等。

四、手摸：此法是靠感官接触反应的，有些纸病如浆疙瘩，除先平看外，还必须用手摸，否则就无法判断夹在纸层内部的小沙粒、草筋和未疏解的纤维束等。因为浆疙瘩和白细沙子的颜色与纸面相似，单凭眼看不易发现，要用手摸方能感觉出来。

透光（或透帘）纸病的处理

迎光检查纸页时，可见纸页上有纤维层较薄，但未完全串通，且透光度较大的地方，小者为透光点，大者为透帘。

一、产生的原因

1. 网面不洁净，网眼被堵塞，致使该处挂浆少，小者成透光点，大者成透帘。

2. 打浆度偏低，纤维粗长，圆网内外水位差过小。

3. 里外网间夹浆，部分网孔阻塞，造成滤水不良。

4. 草节、纤维束等和纤维一道上网时，在圆网转离浆面时脱落，生成透光和透帘，甚至破洞。

5. 当圆网纸机抄速提高到一定程度时，圆网和伏辊的角速度过大时，引起粗浆块或纤维团在上网时被甩落下来。

6. 网槽局部串浆或漏浆造成透光点。

7. 表面施胶辊粘辊，生成透帘，甚至孔眼。

二、解决办法

1. 用蒸汽吹网或溶剂、酸碱洗网。

2. 加强备料的管理和浆料精选。

3. 焊网时把网绷紧，里外网紧贴。

4. 加强纸浆净化。

5. 提高打浆度，调节水位。

6. 合理控制车速，调整伏辊角度。

7. 检查网槽漏浆情况。

8. 胶料过筛，保持胶辊表面清洁。

折子纸病的处理

检查纸张时，发现纸页有经折叠或重叠形成的能分开或不能分开的折痕。不论长网还是圆网纸机，都会产生"折子"纸病。它的种类很多，为方便叙述，根据其特征和产生的地点，可归纳为以下四类。

一、湿折子（或叫筋道）。湿折子往往发生在压榨部，位置不固定，一般细而长，斜度大，有的连续出现，有的间断出现。

1. 产生的原因：定量或水分不匀，造成张力不均一；纸页张力波动，易在张力小的部位压成小折子；毛毯水分含量大；压榨时湿纸幅和毛布间有气泡，纸幅没有贴紧毛布，易造成湿纸页局部张力不均匀，纸页变形而产生折子；压榨部和其他各部速比不稳，时紧时松，引起湿纸折皱。

2. 解决办法：加强压榨前毛毯真空箱压力，检查毛布表面纤维方向、运行方向是否正确；清洗压榨毛毯；调整速比，略为拉紧纸幅，检查压榨部各辊平整度；

二、干折子。干折子是干燥部产生的折子。

1. 产生的原因：浆、网速比不合适；纸幅干燥不均匀，造成伸缩不一致，易产生折子；干燥部温度曲线不当；干燥部纸页收缩不匀；圆网纸机湿纸进烘缸时湿纸起泡；烘缸帆布贴纸不紧。

2. 解决办法：调节堰池水平，调整浆网速比；观察网上水线形状，并调齐水线；保持合理的烘缸温度曲线。

三、压光折子。指纸页离开干燥部后，进入压光机前的折子。

1. 常见的压光折子有三种：纸边压成不长的细折子或裂缝；全幅大斜折子，大多数被压死；全幅张力不均压成斜折子。

2. 解决办法：调整干燥部和压榨部之间的张力大小，使用好纸弓子；调整速比，稳定车速。

四、卷取折子。指卷纸机上形成的折子，最常见的有两种：

1. 波浪形或麻绳状的活折子。

产生的原因：纸幅横幅厚薄不匀，即纸幅横向水分、定量不一，造成在纸卷内部各部所受张力不一致。

解决的办法：调整纸幅定量、水分，使纸页达到均匀、厚薄一致，灵活运用卷纸架上的调节手轮，从卷纸操作上减轻或消除活折子。

2. 水波形活折子或相互折叠起来，但还能拉开的折子，这是卷取部折子的主要特征之一。

产生的原因：卷取辊位置不正，致使压光机与卷纸机间的纸幅张力前后不一致，拉斜的纸幅便在纸辊与缸面接触较重的一端上卷成斜的折子；湿部断头时，纸辊仍在卷纸缸上空转易压成许多死折子。

解决办法：调正方整度，使纸辊与缸面全面均一地接触不使纸页拉斜；断头时间长时，不应使纸卷在卷纸机上空转，应停下卷纸机，等纸页接到压光机时再开起。

皱纹纸病的处理

皱纹是比较常见的纸病之一，其特征是纸页表面有凹凸不平的曲皱现象。纸面有凸起的泡且排列无规律，泡形较大，习惯称鼓泡；泡小而密，像纺织品泡泡纱面凹凸不一，有时呈小皱，习惯称为泡泡纱。

一、产生的主要原因

1. 纸浆打浆度高或纸料发粘，网部脱水困难，干燥过急且受热不均，这种现象经常发生在采用大量稻、麦草类纤维的浆料。

2. 纸页纤维组织不均匀，全幅定量波动大，水分不均一，纸页发生局部收缩，形成起皱。

3. 湿纸未经过光泽辊，纸页与烘缸贴得不够紧密，干毯较松等。

4. 水滴落在纸上，干后中间成湿斑，四周有皱纹。

5. 毛毯局部脏污，脱水不良，以及压榨设备和操作上的缺陷，造成进烘缸湿纸水分不均匀。

二、解决办法

1. 加强稻、麦草类纸浆的洗涤、筛选，合理地控制打浆度。

2. 降低最初的烘缸温度，防干燥过急和强干燥。

3. 改善网部成形、脱水条件，使纸页纤维组织均一，厚薄一致。

4. 适当张紧干毯。

5. 用强制排风代替自然排风，使中部与局部烘干速度一致。

6. 加强车间内防滴措施。

尘埃纸病的处理

是指纸页表面用肉眼可见与纸面颜色有显著区别的斑点。抄造任何种类的纸和纸板，尘埃都是一种常见纸病。尘埃的来源很广，有的来自原料，有的在生产过程中混入浆内，有的是在纸张抄成后产生的。按照尘埃的来源和特点，大致可分为三类：

一、纤维性尘埃。指纸面上存在的显著的异色纤维。这类尘埃无论用木浆还是草类纤维均会时常出现，如草秆、草穗、黄筋等，颜色多为黄色、棕黄、棕褐色等。产生的原因是：浆料蒸煮不匀，有生浆存在；净化、筛选不良；蒸后浆料中混入生草片或生木片；回抄损纸中混入草绳等杂物。

二、金属性尘埃。金属性尘埃包括铜末、铁屑，可借金属反光加以鉴别。比较常见的是铁锈，呈棕褐色，较为坚硬，主要来源于浆料管道及设备。

三、非金属性尘埃。非金属性尘埃指煤灰、沙粒、煤渣等杂质。

1. 产生的原因：主要是通过敞开的门窗，车间外面的尘埃飘入纸浆中；生产用水有时处理不好，使沙粒混入，在纸面上也会产生黑色尘埃。

2. 解决办法：定期洗刷纸机有关设备，合理使用抄前的筛选设备，生产用水要加强净化；在抄前整个流程中，层层把关，不让任何不合格纤维和尘埃混入纸机。

纸页横幅定量不均的处理

长网纸机和圆网纸机都会出现横幅定量不均的现象。

一、长网纸机

1. 横幅定量不均的原因：在流浆箱内沿全宽各点纸料流速不均匀，这与流浆箱的结构和加工制造情况有关；纸料在上网时沿全宽各点喷浆量不匀，这主要是由于堰唇有缺陷造成的；流浆箱中整流不佳，会使纸料在出堰口时速度分布不均，或存在着横流及较大的涡流，上网后的纸料，其自由表面将不稳定，随着纸机的运行便产生横向的波纹，使纸料的横向厚度不均匀，造成横向定量的波动；成形板、案板面不平或安装不平，使湿浆层厚薄不均而出现定量差异；由于造纸网本身质量和运行中的故障，出现凸上或凹下的网条痕，凸上或凹下部位的浆层厚薄不同，定量也就不同。

2. 解决办法：除进行有针对性的处理外，还可利用唇板的微调装置进行局部调节，达到各部位上纸料厚度及横幅定量均一的目的，还要定期清理唇板内部表面，使其光滑，避免挂浆。

二、圆网纸机

横幅定量不均的原因：圆网槽内沿幅宽上各点的浆速不一致，纸料上网分布不均匀，造成横幅定量波动；网笼轮辐处滤水不畅，造成纸幅上有薄条印；流浆箱内加入清水或白水的位置不当，引起纸料混合不匀，造成圆网槽内纸料横向浓度的不一致，使纸幅横向定量不匀；顺流溢浆式网槽、逆流式网槽两边耳箱排出的白水量不一致，排出多的一侧定量大。

掉毛掉粉纸病的处理

纸面掉毛掉粉的特征是在机械力作用下（摩擦、弯曲、冲击或震动），从纸面或边缘落下结合不牢的细小纤维以及填料粒子等，它会影响印刷质量，尤其是插图的质量，使字迹和图画模糊不清，需停机清洗印版和辊筒。书写纸也不应有掉粉，因粉尘落在笔尖上，使书写困难。对自动包装食品的包装纸，也不允许有过多的掉粉。

一、产生掉毛掉粉的原因

纤维配比和打浆工艺操作不当，浆料中含有大量细碎纤维和杂细胞，打浆度过低，纤维结合力差，容易脱落；加入填料过多，在纸中结合不牢，易于脱落；网部纤维组织不好，部分纤维结合不牢，压榨压力不够，烘缸温度过高过急，纸页表面疏松而起毛；过度干燥的纸，在摩擦作用下，容易带电，使纸毛留在纸面上，在印刷过程中或静电消除时就从纸面落下来；各部刮刀残留的末子，被吸附在纸页上而造成。

二、解决办法

克服掉毛掉粉的最有效办法是搞好纸浆净化和纸浆处理程度，提高纸张内部结合强度和表面强度。另外，就是严格工艺技术操作和工艺管理。

腐浆的处理

　　腐浆生成与菌源、营养源含量、温度、pH值关系很大，而纸机纸料和白水系统中含有碳水化合物、蛋白质等营养物质，同时拥有潮湿温暖的环境及酸性至中碱性的pH值范围，都为各种菌类、藻类提供了良好的生长、繁殖环境，且造纸用清水及空气中、纸浆中存在的微生物，又为腐浆提供了菌源。尤其是近年来，随着酸性抄纸向中碱性抄纸的转变，各种废纸的大量使用，白水封闭循环系统的使用，造纸设备结构的日趋复杂等，都加快了微生物的生长和腐浆的产生。

　　微生物产生腐浆本质上可看做微生物的生化反应生成物，腐浆一旦形成，易黏附于设备、管路上，并和其他有机物、无机物结合，形成腐浆黏液沉积物。在造纸生产流程中，在纸浆不太流动、壁面粗糙或有沉淀的地方，如贮浆池死角、阀门、弯头、脱水板边缘、浆箱内壁等部位，易挂满有异味的黏稠物。当腐浆团本身重量超过与壁面的黏附力或因白水、纸浆流速突然变动而掉入纸浆中，与纸浆一同上网时，易引起糊网和滤水困难，在纸面上出现绿色或黄色腐浆点或破洞，甚至在压榨处被压溃和粘断，或在烘缸上被粘断，严重影响了产品质量和纸机运行效率，纸机车速越快，造成的损失越大。

　　解决办法：定期对系统进行清洗，使系统处于清洁状态，可以减少腐浆的生成；有针对性地使用防腐剂或杀菌剂。

我国造纸化学助剂的发展趋势

今后我国造纸化学品行业将重点发展以下几种产品：

一、草浆配套用化学品

我国造纸工业以非木材纤维为主要原料，非木浆纤维达60%，由于大量使用纤维短、强度差的草类纤维，以致在纸和纸板的产品质量上受到很大限制。因此，以草木并用生产高档纸和其他纸品的配套造纸化学品结构，将转向以草浆为主或全草浆生产高档纸及其他纸品的配套造纸化学品结构。重点是开发增强剂、助留助滤剂、增白剂、施胶剂等系列草浆配套化学品。

二、纤维再生所需化学品

国内由于木材纤维资源的缺乏，纤维的再生利用已逐步受到重视。国内引进了多套利用进口废纸生产高档纸的设备，及利用进口废纸再生制浆设备。因此，应大力研制生产配套废纸脱墨剂，尤其浮选法脱墨剂。另外，应做好废纸再生纤维制高档纸所需化学品如增强剂、施胶剂等助剂研制、开发和应用推广工作。

三、逐步进行中性施胶剂用化学品的开发和应用

根据造纸工业从酸性施胶转向中性施胶这一世界发展趋势，应开发生产中性施胶剂及其配套的各类化学品。由于我国松香资源丰富，发展乳液松香及近中性乳液松香施胶剂仍为现阶段主要任务。

今后几年我国应重点发展助留剂、助滤剂、增强剂、施胶剂等，主要品种包括变性淀粉，中性施胶剂AKD、ASA、湿增强剂、松香乳液，以及氧漂工艺相配套的化学品如乙二胺醋酸（EDTA）等化学原料。

助留助滤剂的使用目的何在

造纸网可以看做一个连续的过滤器，在这个网上，纸料中一定比例的固体物留着在网上，其余的固体物随着大量滤液流走形成了白水。长纤维的留着率通常是很高的，接近100%，而细小纤维和填料的留着率仅为30%～70%。过低的单程留着率会导致纸页横向分布的不均匀及显著的两面性。因此，研究造纸湿部留着机理，利用助留助滤剂有效的控制细小纤维和填料的留着是非常有意义的。

助留助滤剂是纸张抄造过程中的一种重要添加剂，其使用目的是用来提高纸料中的细小纤维和填料的留着率，使白水中固体物的含量下降，同时改善纸料的滤水性能。在制浆造纸过程中，高效的助留助滤剂可提高纤维和填料利用率，减少白水负荷，废水污染以及造纸网的磨损。

使用助留助滤剂的经济效益是十分明显的：

一、可提高纸料中细小纤维和填料的留着率，使浆耗降低约1～2%，填料留着率提高20%左右。

二、使白水封闭循环系统正常运行，发挥最大效率，可降低生产成本，节约纤维原料，且由于白水中填料和细小纤维含量减少，白水

△ 助留助滤剂

易于澄清，可减轻排水污染，降低流失白水浓度约40%，并降低废水中的盐类含量和BOD，减少排污费用。

三、保持毛毯清洁，使纸机更好的运转。

四、使纸机网部滤水性加快。一般来说，具有助留作用的高分子也具有助滤作用，只不过其作用有所侧重。助留剂的目的主要是提高纸料中细小纤维和填料留着率，而助滤剂主要是为了提高从抄纸网部来的湿纸的滤水性、脱水速度。滤水作用与助留作用在促进纤维和填料的凝聚这一点上是相通的。故加入助留剂可在不增加絮凝剂等的用量下，提高白水回收装置的效率。

五、可改善成纸的质量，如增加其不透明度、均匀度、印刷适印性和吸收性等。

干强剂有什么作用

干强剂是一种用以增进纤维之间的结合，以提高纸张的物理强度而不影响其湿强度的精细化学品。一般来说，可溶于水并带有氢键的聚合物，可作为干强剂，理想的干强剂应该是：线性大分子，其氨基能够充分接近纤维表面；相对分子量大，具有成膜能力，对纤维有足够的黏合强度并能在纤维间架桥；分子链上有许多正电荷中心和羟基，便于和纤维形成静电结合和氢键。事实上，木材纤维已含有天然的干强剂——半纤维素。没有半纤维素的存在，难以取得纤维间的结合强度，如棉浆纤维中，没有半纤维素，用其造纸时就会出现强度问题。

一般认为，干强剂的增强作用是通过以下机理实现的：

一、纤维间氢键结合和静电吸附是纸张具有干强度的原因，特别是氢键结合点多、结合力强是干强度产生的主要原因。加入干强剂（天然、改性和合成高分子）后，这些高分子含有各种活性基，可以和纤维上的羟基产生强的分子间相互作用及氢键结合。

二、一些含有阴离子基的干强剂，可通过AL3+等和纤维形成配位结合。如果纤维经特殊处理后含有羟基等，也不排除存在离子键的可能性。长链高分子可同时贯穿若干纤维和颗粒之间，物理结合吸附能够起到某种补强作用。

三、干强剂往往也是纤维的高效分散剂，能使浆中纤维分布更均匀，从而导致纤维间及纤维与高分子间结合点增加，从而提高干强度。

四、干强剂可以增加纸中纤维间的结合力，因而提高了以结合力为主的强度指标，如裂断长、耐折度、Z向强度、挺度、表面耐磨性、表面拉毛速度、抗压强度等。但一般不能增加撕裂度，甚至使撕裂度、压缩性、柔软度等降低。

常用干强剂的种类有哪些

常用干强剂有以下几种：

一、变性淀粉干强剂

纸用变性淀粉干强剂的品种主要有阴离子淀粉、氧化淀粉、膦酸酯淀粉、羧甲基淀粉、淀粉黄原酸酯、非离子淀粉、阳离子淀粉、两性淀粉以及淀粉与乙烯基单体的接枝共聚物。这些产品性能各异，基本上可以满足不同纸张不同强度的要求。因此其用量近几年占造纸化学品总量的80～90%。各种变性淀粉干强剂只有在与纤维形成有效和快速吸附才能达到最佳效果，其电荷密度、加入量应在合适的范围内，同时不能与体系中的其他添加物有副反应。淀粉加入量较大时，往往可提高干强度，但未吸附的淀粉会集结在白水系统，故一般用量应控制在1%以下。

目前对淀粉变性的研究正朝着两性和多元变性的方向发展，生产成本更低，应用效果更明显。

二、聚丙烯酰胺干强剂

聚丙烯酰胺（PAM）是一种多功能水溶性高分子聚合物。PAM中羧基含量与纸张强度的关系是，羧基含量为10%左右时，抗张强度、耐破强度、耐折度达顶点，即PAM的分子量为50～70万和羧基含量为10%左右时，是纸张强度干强剂的最佳值，生产使用中发现聚丙烯酰胺在提高纸页干强度方面几乎对所有浆种都有效。

三、壳聚糖干强剂

壳聚糖作为天然阳离子大分子，单独使用及改性物都具有显著的增强作用，同时有优异的助留助滤性，近年来关于其在造纸湿部的应用的报道很多。

壳聚糖在造纸湿部主要用作干强剂、助留助滤剂和絮凝剂。另外，阳离子淀粉与壳聚糖作为双助剂共用，能有效提高纸张的物理强度和填料留着率。强度提高主要是由于双助剂增加了纤维间的结合面积及结合强度。最常用的双肋剂干强剂是

△ 干强剂

壳聚糖和膦酸酯淀粉。随着壳聚糖分子量的增加，双助剂作用效果也随着增加，表现在纸张各项物理指标均随壳聚糖分子量的增加而有所提高。

四、树脂胶

作为增干强剂，有应用价值的主要是田菁胶。生产方法是由田菁种子内胚乳中提取出植物胶粉，再根据应用要求进行改性。田菁胶主要添加于纸浆内，可提高卷烟纸的强度与匀度，降低浆耗，提高强度指标。用于非木材纤维抄造胶印书刊纸，也可改善纸张匀度，提高留着率，具有明显的增强效果，且可减少印刷过程中的掉毛掉粉现象及断头数。

五、瓜耳胶

主要成分是由豆科植物种子胚乳中提取。实验表明，其对纸页的增强效果十分明显。

湿强剂有什么用

普通纸被水润湿后，纤维润胀，施胶剂被溶解，纤维间结合力减弱，纸张的强度基本失去，使纸张发挥不了应有的作用。在工农业技术、医疗卫生、国防科技、日常生活的实际应用之中，不少纸张如无碳复写纸、照相原纸、地图纸、医用纸、育苗纸、钞票纸、茶叶袋纸、食品包装纸、水砂原纸等均要求具有较高的湿强性能，因此必须以化学湿强剂来提高纸张的湿强度。

湿强纸的含义不难理解，植物纤维为亲水性的，纸页完全被水浸透或被水饱和时，其强度损失90～96%，余下的强度称为湿强度，在4～10%之间。加入化学助剂，其湿强度达到或超过15%，我们称其为湿强纸，加入的化学助剂为湿强剂。

加入纸张中的湿强剂通过纸的干燥处理发生化学变化，使纸张在水中不易润胀，从而产生湿强度，其作用机理主要包括以下几个方面：

一、加入纸浆中的湿强树脂一般为低分子且溶于水的初期缩合物，进入纸浆能渗透到纤维的表面和内部，并缩聚成高分子聚合物，使得树脂与相邻纤维间的部分羟基结合，形成抗

△ 湿强剂

水的亚甲基醚键等共价键，使纸张产生一定的湿强度。

二、湿强树脂的部分高分子聚合物沉积于纤维间，与相邻纤维间树脂分子构成网状结构的无定型交织，限制了纤维彼此间活动，相应的就减少了纤维的润胀和纸页伸缩变形等性能，从而增加了纸的湿强度。

三、部分湿强树脂分布于纤维表面，由于树脂成熟后具有持久不变且不溶于水的性质，从而阻止了水分子深入纤维空隙中，避免纤维因吸水膨胀而破坏纤维结合，因而增加了湿强度。

湿强剂增强机理应从纤维结合强度来分析，要使湿强度提高，必须使纸中纤维同纤维的结合更能抵抗水的破坏作用。

常用湿强剂有哪些

湿强剂在不同的应用环境中，产生的效果不一样，一般加入量在0.5～1.0%（对绝干浆）。常用的湿强剂有如下几种：

一、脲醛树脂（UF）

UF树脂在造纸工业中的应用始于20世纪30年代，是最早做湿强剂的合成树脂，一般用于照相原纸、地图纸和招贴纸等。UF树脂及改性产品特性：

1. 只适用于酸性条件下使用；

2. 减少纸的吸水性，降低其透气度；

3. 易分解产生游离甲醛，经过一定时间后纸的湿强度开始降低；

4. 固化速度低，若其完全发挥湿强作用需2～3周；

5. 价格低廉。传统的UF树脂由于游离甲醛的危害，近年来国外已开始禁用。

二、三聚氰胺甲醛树脂（MF）

MF树脂于20世纪30年代应用于造纸工业，是一种热固性、酸性固化的氨基树脂，由三聚氰胺甲醛在酸性条件下缩合而成。MF树脂作为湿强剂，主要用于钞票纸、海图纸等纸张的生产。MF树脂特性：

1. 含较多羟基官能团，每单位树脂能使纸张产生更高的湿强度；

2. 酸性条件下使用；

3. 固化速度较高，纸张湿强度形成快；

4. 分解速度较慢，也产生有害甲醛；

5. 其湿强纸具有透气度低、耐折度高、挺度好、湿强度高的特点。

三、聚酰胺环氧氯丙烷（PAE）

PAE树脂于20世纪60年代应用于造纸工业，是由三元胺反应，生成水溶性的长链聚胺，然后再与环氧氯丙烷脱氯化氢缩合而成的一种水溶性、阳离子型热固性树脂。作为湿强剂，PAE树脂主要用于一次性的生活用纸和医疗用纸，如手巾纸、婴儿尿布纸、药棉纸等。另外，也用于照相原纸、壁纸原纸、液体包装用纸和食品包装用纸中。PAE特性：

1. 无毒无味，不含甲醛类的湿强剂；

2. 可在pH值在4～10的范围内广泛使用；

3. 具有高效湿强效果。当用量在0.5～1.0%时，相对湿强度可达14%左右，因而用量少；

4. 其损纸回收容易，可在pH值为10条件下进行打浆；

5. 具有良好的吸附性能，较高的干强度和湿强度；

6. 含PAE的纸页刚度低。PAE树脂及其改性产品在中性、弱碱性条件下固化，可减轻废水污染，避免了纸张随日久而返黄的特点，也对人无害，因此被广泛应用。但该类产品成本较高。

四、新型环保湿强剂

上述常用的湿强剂增湿强效果较好，但是都有一些缺点。例如用量最大的PAE，湿强效果令人满意，但价格昂贵，与阴离子不相容，固化后不易降解，损纸回用困难。另外PAE中有机氯含量高，不利于环保。而MF、UF由于有游离甲醛的危害，近年来国外开始禁用。总之，由于传统的湿强树脂对环境的不良影响，日益引起人们的关注，造纸工业正在开发环境友好湿强剂。如壳聚糖和聚羧酸便是其中的两种。

漂白化学助剂有什么用

在漂白过程中，使用化学助剂是根据不同的方法和不同的目的要求选用不同化学助剂。

一、漂白的目的和方法

纸浆漂白的目的是：以合理的费用，在保持纸浆良好强度和适宜的造纸性能的情况下，使用适量药品和合理的方法，消除纸浆中有色物质和杂质，从而生产出一定白度的纸浆。在生产化学加工用浆时，通过漂白还需使纸浆具有新的物理化学性能。

纸浆的漂白方法：漂白的方法多种多样，但从纸浆漂白的发展历史看，人们主要从漂白剂、漂白助剂和漂白设备及工艺两方面进行研究和开发。例如：在纸浆漂白剂方面，最早是手工业生产时代的氧漂。直到1774年瑞典化学家K.W.Scheele发现氯气漂白作用，才将其应用造纸。后来逐渐又发展到用次氯酸钠、次氯酸钙、连二亚硫酸盐、过氧化氢、二氧化氯、氧、臭氧等漂白剂。当前人们正开发高效、低污染和多组分、多功能的漂白剂和漂白助剂。

从漂白设备和工艺看，较早漂白是在打浆机内进行。1895年德国Bellmer兄弟制成贝麦漂白池设备，后来逐渐发展到连续漂白，分段漂白和综合多段漂白等工艺。

就其漂白所用药品的作用来看：传统漂白方法主要分两类：一类称氧化漂白，它是利用漂白剂的氧化作用除去纸浆中残留的木素，破坏发色基团，使木素分子氧化溶出；另一类称还原性漂白，它是用还原性漂白剂，有选择地破坏纸浆中的发素基团结构，并不除去浆中木素。

目前，投产和开发的新型漂白方法有氧漂白（氧-碱漂白）、置换漂白、臭氧漂白、气相漂白、酶漂白和漂白助剂协同漂白等方法。并且漂白助剂已是目前漂白法中不可缺少的越来越重要组成部分。这主要是因为单一漂白剂的功能总是有限的，并且单一漂白剂会受条件限制。

二、漂白化学助剂的含义

在漂白过程中，用于提高漂白剂稳定性，减少无效分解或减少纤维素降解，保持漂白后浆强度的化学药品都称为漂白化学助剂。例如在次氯酸盐漂白过程中，加入氨基磺酸，可缓和漂白氧化速率，从而减少纤维素降解，相应的保持漂白浆强度和减少漂白剂损失。

由于硅酸钠、硫酸镁表面有吸附重金属离子的作用，可防止漂白剂H_2O_2的分解。因此，可作为H_2O_2漂白保护剂，以调节酸值和防止微量重金属离子对H_2O_2的催化分解作用。碳酸镁、硫酸镁、氧化镁可作为氧碱漂白时纤维保护剂。如添加少量二乙烯三胺-戊亚甲基磷酸（DTPMP）则有更好的效果。

漂白化学助剂的分类有哪些

从化学角度可将漂白助剂分为以下几类。

一、无机漂白助剂

在漂白过程中，添加的化学助剂是无机物的称为无机漂白助剂。例如 MgO、$MgSO_4$、$MgCO_3$、Na_2SiO_3 等，在二氧化氯漂白中添加 Cl_2、V_2O_5，氧碱漂白中的KI，螯合剂三聚磷酸钠（STPP），碱处理中 KBH_4、Na_2SO_3、H_2O_2 等都属于无机化学助剂类。

二、有机漂白助剂

在漂白过程中，添加的化学助剂是有机物的称为有机漂白助剂。例如：次氯酸盐漂白中氨基磺酸，螯合剂乙二胺四醋酸及其钠盐，二乙烯三胺五醋酸及其钠盐，过氧化氢漂白中的尿素等都属有机漂白助剂。

三、生物漂白助剂

在漂白过程中，通过微生物或酶制剂预处理来协助纸浆漂白过程，这类微生物或酶制剂常称为生物漂白助剂。例如，木聚糖酶作为漂白助剂，目前已在北欧和北美地区不少工厂用于硫酸盐浆的漂白。利用白腐菌来脱除木素和提高硫酸盐浆白度，也是生物漂白与化学漂白相结合的一种好方法。

漂白助剂是如何工作的

在漂白过程中，由于加入漂白剂和漂白助剂的不同，漂白助剂的作用原理也各不相同，就漂白助剂来看主要作用原理有下列几点。

一、加速漂白剂与发色基团的作用

在前面已讲过，漂白的主要目的是利用还原性或氧化性物质与纸浆中残留的木素作用，破坏发色基团，而提高纸浆的白度。但是这些氧化性或还原性物质在作用时，会受各种因素的影响而受阻或降低其性能，使用漂白助剂可加速或提高漂白剂与发色基团的作用。如在ClO_2漂白时或多或少会发生分解产生氯酸盐，降低了ClO_2的漂白能力。为了使这部分氯酸盐发挥漂白作用，并使ClO_2起到充分漂白作用，可添加五氧化二矾作助剂，用量为浆的0.008%，使氯酸盐充分发挥漂白作用。

二、提高各种漂白剂的利用率

化学漂白中的漂白剂都是氧化剂或还原剂，它们都易和接触到的物质反应，除了与有色物质作用外，还易和周围其他杂质作用或受条件影响而分解。为使其稳定，减少无效分解。例如，在H_2O_2的漂白过程中，可添加Na_2SiO_3、$MgSO_4$等能吸附重金属离子的助剂。也可添加三聚磷酸钠、乙二胺四醋酸及其钠盐、二乙烯三胺五醋酸及其钠盐等螯合剂等，可防止微量重金属离子对H_2O_2的分解，从而提高H_2O_2漂白剂的利用率。

三、改善各类漂白过程的条件

在各种漂白方法中，漂白剂都有各自最佳的使用条件，只有在最佳使用条件下，漂白剂才能发挥最佳效果。这些条件包括漂白过程中的酸碱度、温度、时间、其他物质及杂质的存在、设备及工艺等。还有在多段漂白中，前段漂白剂被带入到后段漂白，也会影响后段漂白的效果。解决上述问题的主要方法就是添加漂白助剂来改变不利漂白剂发挥最大作用的条件。

消泡剂有什么作用

在造纸业中，所谓的消泡剂是指用于消除制浆、造纸和涂布加工等过程中出现泡沫的化学品。与此类似，用于上述过程中阻止泡沫出现的化学品称为阻泡剂。一般消泡剂都具有一定的阻泡性。

造纸过程的工艺流程比较复杂，各工序条件也不一样，所以形成泡沫的原因也是多方面的。例如，各工艺装备形式、机械设备形式、施胶种类，浆料pH值、化学品添加、纸机车速、浆料输送等均对泡沫的产生与形成有影响。因此必须对各个工序中物料的性质、产生泡沫的原因及消泡的要求弄清楚，有目的地选择使用相应的消泡剂，才能取得预期的效果。

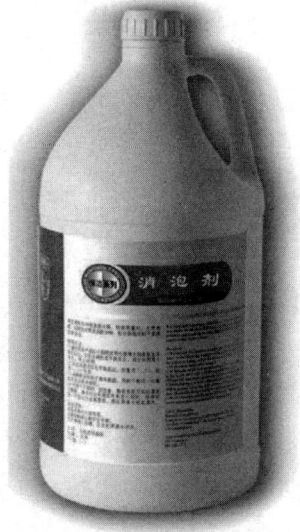

△ 消泡剂

消泡剂的作用原理是怎样的

如何选择有效的消泡剂消除泡沫，就必须对泡沫的形成和消泡剂的作用原理有所了解。下面就这两方面的问题做一简单介绍。

一、泡沫的形成

当我们取一盆肥皂水溶液，往里吹气或搅拌时，肥皂溶液即可产生泡沫，这就是说泡沫必须有气体和溶液才能产生。实践证明，泡沫是气体分散在溶液中的分散体系。气体是分散相（不连续相），液体是分散介质（连续相）。被分散的气泡呈多面体形状。由于气体和液体的密度相差很大，故液体中的气泡总是较快升到液面，形成以小液体构成的液膜隔开气体的气泡聚集物，即通常说的泡沫，作为分散相的泡沫是多面体形，不像浮状液的分散相为球形。

根据实验，纯液体不能形成较稳定的泡沫，只有在液体中溶解其他物质时才与气体产生泡沫。例如，溶解表面活性剂、蛋白质及高分子的溶液才能形成稳定的泡沫。当然非水溶液也能产生泡沫。在制浆过程中浆料中含有碱、碱木素和皂化物等其他物质，在浆料搅拌过程中或流送过程中，经常送浆料流送的位差等原因混入空气和其他气体，由此会产生大量泡沫。造成洗涤和运送纸浆的困难，也易造成浆池浮浆，影响浆料洗涤和漂白的质量。此外，在抄纸工序，在涂布加工中都会混入气体产生泡沫。

二、消泡剂的作用原理

消泡剂的作用原理主要是降低液体的表面张力，即消泡剂能在泡沫的液体表面铺展，并置换膜层上的液体，使得液膜层厚度变薄至机械失稳点而达到消泡的目的。一般消泡剂在液体表面铺展得越快，液膜变薄得就越快，消泡作用就越强。能在表面铺展，起消泡作用的液体，其表面张力都较低.易于吸附于液体表面，此类物质主要是醚、醇等表面活性剂。消泡剂的种类多种多样，其作用机理也有所不同。消泡剂能起作用的途径和方法也有很多，在实践中，为了控制好泡沫，应根据需要选用一种或几种方法。

蒸煮助剂有什么作用

蒸煮是利用碱或其他化工原料的水溶液来处理植物纤维原料，将原料中的木素和部分半纤维素溶出，同时尽可能地保留纤维素并不同程度地保留半纤维素，使原料彼此分离成浆。在这一过程中植物中的脂肪、糖类等也会溶出。蒸煮助剂，就是用以加速蒸煮液对纤维原料的渗透或加速脱木素作用，从而缩短蒸煮时间或降低蒸煮温度，减少蒸煮药剂的用量，提高纸浆得率或强度的化学品。

蒸煮过程中所用的助剂，从化学组成来看主要分为两大类：

一类是无机蒸煮助剂，另一类是有机蒸煮助剂。在蒸煮过程中添加的辅助化学药品是无机物的称为无机蒸煮助剂。在蒸煮过程中添加的辅助化学品是有机物的称为有机蒸煮助剂。有机蒸煮助剂使用较早，品种较多，包括氧化性的有机助剂、还原性的有机助剂以及既有氧化性又具有还原性的助剂。目前，蒸煮助剂已转向采用有机蒸煮助剂。

蒸煮的目的是适当地将原料中的木素除去，使原料纤维分离。在除去木素的同时，原料中的纤维和半纤维亦会不同程度地受到降解。其他成分如树脂、蜡、脂肪、松节油、单宁等成分也会发生某些化学反应。这些反应有的对蒸煮有利，但也有的对蒸煮不利。为了更快、更有效地达到蒸煮的目的，就必须了解蒸煮过程中蒸煮剂和蒸煮助剂的作用和原理，从而达到使用更少助剂，更快、更多地得到造纸用的纤维素和半纤维素。

蒸煮过程大致可分为两个阶段：第一个阶段为渗透与反应阶段，即蒸煮液浸入木片或草片中，并与木素等发生反应；第二阶段是溶出阶段，即反应后的木素进入蒸煮液中。当然这两个阶段也不能截然分开。作为蒸煮助剂在这两段的作用原理是：加快蒸煮液的浸透，加速蒸煮反应，创造或改善有利于溶出非纤维素物质的条件。

一、加速蒸煮液的浸透作用

在蒸煮过程中，蒸煮液的浸透对脱木素起着重要的作用。例如：在采用酸性亚硫酸氢盐的蒸煮中，药液的浸透作用显得很重要，浸透不均匀、不完全，则筛渣量增多，细浆得率低，尘埃度增加，漂率低，纸浆质量差。严重时则出现"黑煮"。若加入少量蒸煮助剂增加浸透作用，能防止上述现象发生。常用渗透助剂有以长链不饱和脂肪酸的二甲基酰胺为主体的非离子型表面活性剂、烷基磺酸盐类阴离子表面活性剂等，可达到浸透、分散的目的。

蒽醌类蒸煮助剂在硫酸盐蒸煮中的应用

二、参与蒸煮反应，保护碳水化合物

绝大多数的蒸煮助剂都参与了蒸煮反应，并能加快脱木素作用。例如：在采用硫酸盐和烧碱法蒸煮中添加多硫化钠，可提高蒸煮得率，主要是由于多硫化钠的氧化作用能使碳水化合物的醛末端基形成各种对碱稳定的糖酸末端基，从而停止剥皮反应。

此外，用多硫化钠蒸煮，还能加快脱木素速率，这也是因为增加二价硫离子的缘故。采用羟胺烧碱法蒸煮助剂，也可以通过使其进一步氧化为羧基而保护纤维素和半纤维素的醛末端基。此外，羟胺也能与木素中的羰基反应，使木素结构单元之间的缩合反应减少，从而加快蒸煮过程、提高纸浆的白度。

三、改善蒸煮条件

蒸煮助剂能加速蒸煮液的渗透，参与各种化学反应，加速脱木素作用，从而缩短蒸煮时间或降低蒸煮温度，减少蒸煮药剂用量（特别是碱的用量），相应的改善了蒸煮条件，使纤维原料在相对较低碱度、较低温度下蒸煮较短的时间就达到目的。

近些年来，人们对复合型蒸煮助剂进行了开发研究，并取得较好的效果。例如：ZJ-L型蒸煮助剂就是一种复合型助剂，对卡伯值为18.3～19.3的麦草浆添加0.05%的ZJ-L蒸煮助剂，可缩短蒸煮时间30min，降低用碱量2%（对原料），并提高利率4.8%，并改善浆的可漂性、提高浆的强度性能。

综上所述，尽管不同的蒸煮助剂所起的作用有所不同，但多数蒸煮助剂都兼有上述几种作用。

纸张防腐剂有什么用

　　纸浆是植物纤维和水的悬浮物，其中加入了许多助剂。造纸生产过程中的温度、水分及pH值很适合微生物的生长，一些助剂（如淀粉等）更是微生物成长的营养分。由于现代造纸流程日趋复杂，废纸回收率增加，白水循环量增大等原因，纸机网部纸料流经系统的各个设备及管道时极易聚积沉积物，使细菌及霉菌快速增长，产生腐浆。腐浆是指造纸过程中浆池等槽体的内壁表面、管道的内壁等处由于种种微生物的增殖而形成的黏状腐朽物质。腐浆的产生与微生物的关系非常密切。微生物在有、无氧条件下均能成长（好氧菌/无氧菌）。环境pH值4～6.5有利于真菌繁衍，pH值6～8适应于细菌生长。一般温度在40℃以下，微生物生长较快，温度高于60℃时，腐浆现象基本消失。

　　但随着从酸性造纸向碱性造纸系统的转化及循环废纸的大量使用，会加重腐浆的产生。不加入防腐剂会引起纤维素大分子降解，严重影响纸的质量。腐浆一旦形成，易黏附于设备、管路，并和其他有机物、无机物结合，形成腐浆黏液沉积物。加入防腐剂是保证纸机正常运行、提高纸张性能的有效途径。

树脂控制剂的作用机理是怎样的

树脂控制剂实际上应包括两个方面：一是把树脂脱除，通过皂化或乳化脱除大部分树脂及蜡质；二是运用树脂分散剂，使树脂形成尽可能细小的、难以凝聚和黏附的粒子。

树脂脱除：树脂中的可皂化物大部分在碱性溶液中可被脱除。非皂化物则需要表面活性剂来帮助。这些树脂本身与纤维有一定的吸附作用，表面活性剂可渗透到树脂和纤维之间，将树脂乳化并分散于蒸煮液中。表面活性剂的用量一般为 $1 \sim 50 kg/t$ 浆，在碱法及亚硫酸盐法制浆工艺中均可应用。通过皂化使树脂酸成为水溶性化合物，这在制浆过程中是树脂脱除的一种主要方法，一般可加入无机碱和有机碱。有机碱的作用较为缓和，且和树脂酸、蜡质及蛋白质的兼容性好，脱除效率高，但成本亦较高。

树脂控制剂可分为几类：树脂分散剂、树脂脱除剂、螯合剂、生物酶制剂。

树脂分散剂有什么用

树脂分散剂可分为无机分散剂、高分子树脂分散剂、表面活性剂等几类。

一、无机分散剂

无机分散剂主要是具有极性吸附能力的硫酸铝、滑石粉、高岭土、硅藻土、石棉等。

1. 滑石粉

滑石粉是一种重要的含水的镁硅酸盐矿物，分子式：$3MgO \cdot 4SiO_2 \cdot H_2O$。滑石属单斜晶系晶体，呈鳞片状、叶片状、纤维状，是自然界中硬度最小的矿物之一。滑石粉作为无机分散剂使用，主要作用是提高纸的不透明度、亮度、平滑度、匀度、吸收性能、吸墨性能和节省纤维原料等。滑石粉是一种天然碳酸镁的水合物，由于其具有亲油性，因而可以吸附湿部系统中憎水性的胶状树脂，降低树脂的表面能量，使树脂失去其特有的黏性，从而抑制树脂的黏附、聚结和沉积。滑石粉具有弱憎水性，所以可将憎水性的树脂粒子吸附在其表面上，降低树脂的黏度及黏着性，从而防止相互凝聚。在以马尾松为原料的新闻纸厂，滑石粉也被用作树脂障碍控制剂。此外，已经发生聚结的胶状分散树脂也可以吸附滑石粉，避免进一步的聚结和沉积。但系统中有剪切力存在时，已聚结的胶状分散树脂可能又重新暴露出新鲜的黏性表面再发生聚结和沉积。因此，利用滑石粉控制树脂沉积时，应在树脂未发生聚结时加入，在制备马尾松硫酸盐浆过程中，把滑石粉加入漂白工序的稀释和池中可收到一定的效果。而对于马尾松磨木浆，在机浆车间的贮浆池和抄纸车间配浆工序的浆池都分别加入一定量的滑石粉，可对减少纸机上树脂障碍起到明显的作用。

滑石粉的纯度、粒度以及浓度与其控制树脂沉积的效果有很大的关系。纯度越高，越易发生层状剥离，亲油性表面越多，效果就越好。粒度越小，比表面越大，表面能也越大，其吸附能力就越大。浓度增加，则滑石粉吸附树脂的量呈直线增加。但控制树脂障碍用的滑石粉与加填用的滑石粉在性质上有很大的区别。

一般来讲，用于树脂沉积的微细滑石粉呈片状薄层结构，其吸附树脂的效率高；用于加填的滑石粉呈块状结构，也有吸附树脂的作用，但形成薄片，且小粒度的含量低，其吸附树脂的效率不足。对滑石粉分散液的浓度控制应比较严格，一般应控制在8～12%的范围内。

2. 硫酸铝

硫酸铝在造纸车间广泛用于施胶、pH值调整、助留、助滤、增湿强、树脂熟化和树脂障碍控制等方面。就以马尾松为原料的新闻纸机而言，主要是起树脂障碍控制作用。

硫酸铝是一种常用的造纸助剂，一般认为其控制树脂障碍的机理是：溶解状态的硫酸铝水解金属离子借助氢键吸附在胶状树脂的表面上与树脂粒子发生聚结。在适当的pH值范围内，可导致胶状树脂粒子表面的负电性减小直至呈正电性。此时，树脂粒子可紧密地吸附在带负电性的纤维素纤维上，防止树脂粒子的聚结或沉积。

在新闻纸的抄造过程中，可采用硫酸铝来控制树脂障碍。硫酸铝控制树脂障碍的效果在很大程度上取决于浆料树脂含量的大小和系统pH值控制的范围。浆料树脂含量大时，如将pH值降得太低，纸页会发脆，导致复卷过程中断头多；白水中泡沫显著增多，白水泵的工作效率降低；增加了设备的腐蚀，硫酸铝和消泡剂的消耗量大量增加；纸机压光、干燥部树脂障碍严重。pH值过高时，溶解状态的水解铝离子较少，则起不到相应的效果。

一般pH值控制在4.8～5.0为宜。另外，铝离子浓度也很重要，当系统中铝离子浓度达20mg/L以上时，可获得显著树脂障碍控制效果。故有时为了不使DH值过低，又能保证一定的铝离子浓度，可适当加入碱性的铝酸钠来调节pH值。铝离子浓度过高时，控制树脂障碍的效果并不会明显增加，反而对纸页的白度、撕裂度、耐破度不利。一般系统中铝离子浓度达到20～40mg/L比较好。

硫酸铝控制树脂障碍的效果还与加入的地点有较大的关系，硫酸铝的加入多采用多点加入的方法。如在马尾松磨木浆的来浆池中、靠近纸机的成浆池中以及纸机前的上浆泵入口处都分别加入一定比例的液体明矾。这样一方面使硫酸铝有足够的水解反应时间；另一方面，又可尽量减少硫酸铝絮聚物被流体剪切力分裂，从而获得最佳的控制树脂障碍的效果。

3. 石棉

石棉的颜色为白色、带绿的黄色，半透明，丝绢光泽，属单斜晶系，莫氏硬度为2～2.5（顺纤维方向为2，垂直纤维方向为2.5）。解理极完全，可劈分为极细的纤维，具有极好的可纺性。

其密度平均为2500kg/m³，没有磁性，是非导电体，具有耐火、耐碱等性能。其分子式也可写为$3MgO \cdot 2SiO_2 \cdot 2H_2O$。不同矿床，甚至同一矿床不同地段的石棉，其化学成分与理论含量都会有出入，这是因为在实际矿床中，石棉还含有少量的铁、铝、钙、镍等元素的氧化物。石棉经特殊处理可改变表面电荷，所以它可作为树脂分散剂使用。

二、高分子树脂分散剂

用得最多的高分子树脂分散剂是聚氧化乙烯。聚氧化乙烯作为高分子树脂分散剂使用时是相对分子质量在100万以上的疏质固体，溶于三氯甲烷、二氯甲烷等，不溶于乙醚、乙烷。在室温下为白色粉末，本身无特殊气味，软化点为66℃，脆化点为50℃，溶于水，其水溶液浓度低于1%时为黏稠性液体，当水溶液浓度高于20%时，则呈不黏性的弹性胶。高相对分子质量聚氧化乙烯在空气中即使是常温下分子降解也很快，如相对分子质量300万的聚氧化乙烯在15天内降至150万左右。其他如甲基纤维素、羧甲基纤维素、羟乙基纤维素、聚丙烯酸钠等都有所应用。烯类单体与马来酸酐共聚物用作分散剂，近年来已引起重视，如可用己烯或二异丁烯与马来酸酐反应生成共聚物，再以氨水处理，得到相对分子质量为1000～50000的聚合物盐。将得到的聚合物加入纸浆中，可防止树脂污染筛浆机或毛毡，同时不降低纸张的施胶度和强度。

三、表面活性剂

本书前文已述及，表面活性剂是一类既具有亲水性基团又具有疏水性基团的物质。少量的表面活性剂可起到显著降低表面或界面张力的作用。

表面活性剂的加入可在树脂系统中起到润湿、乳化、溶解和稳定的作用。阴离子型表面活性剂、阳离子型表面活性剂和非离子型表面活性剂都可用于树脂沉积的控制。其作用大体上都是利用其疏水基吸附到树脂表面，而亲水基伸到水中来避免树脂沉积到设备表面。此外，表面活性剂还具有软化和"溶解"已形成的树脂沉积物的作用。用作树脂分散剂的主要是阴离子型表面活性剂，加入浆料中可有效地分散树脂颗粒，减少其相互凝聚或沉淀的趋势，其用量约为纸浆量的0.5%。按使用方法，用于控制树脂障碍的表面活性剂可分为两大类：一类用于浆内添加，在树脂障碍严重时，针对不同浆种树脂的特性，在化学制浆车间和机械制浆车间的贮浆池和抄纸车间纸机上浆系统的特定地点分别加入一定比例的浆内树脂障碍控制剂；另一类主要是用于纸机的压榨部，稀释后喷洒在毛毡表面，起到清洁毛毡孔隙内树脂的目的，使毛毯水分降低、横向水分分布均匀，从而使出压榨部湿纸页水分降低、纸页横向水分分布均匀，有利于降低干燥用气量，提高成纸水分和成纸平滑度，并减少工艺计划外停机清洗毛毡的时间、延长毛毡使用寿命，达到提高纸品质量、产量和降低成本的目的。

将表面活性剂用作树脂分散剂的优点是：很少加入量就可以获得良好的控制效果；操作和计量很方便；不需要像加硫酸铝那样严格地控制pH值和温度。然而，表面活性剂的加入可能会对施胶产生不利的影响；大部分表面活性剂（除阳离子型外）不能使树脂留着在成纸中，从而引起白水循环系统中树脂的积累。

螯合剂有什么用

螯合剂是由正离子或原子与一定数目的中性分子或负离子以配位键结合起来的物质。螯合剂现已广泛应用于H_2O_2漂白过程中重金属离子的螯合。在树脂控制方面，螯合剂也已显示出其应用价值，常用的螯合剂有EDTA、DTPA等。

螯合剂可螯合系统中的钙、铜、铁和锰等诱发树脂沉积的金属离子，从而防止这些金属离子与湿部系统中的阴离子皂结合成不溶性皂化物，也可避免不溶性碳酸钙的形成，因此螯合剂是通过螯合金属离子来间接地控制树脂的沉积。某些螯合剂如六偏磷酸钠不仅能够螯合金属离子，也对树脂具有分散作用。

DTPA对胶状分散树脂沉积具有控制作用，40mg/kg的DTPA（与钙离子及胶状分散树脂浓度之比为1∶5∶30），可使树脂沉积量降低82%以上。EDTA在pH值为7.0的条件下控制树脂沉积的效果非常明显，足够量的螯合剂可获得和非离子表面活性剂至少相同的效果。磷酸盐是控制树脂障碍最为常用的螯合剂。通常，磷酸盐和表面活性剂一同使用。

只有当系统中树脂的沉积是由于系统中含有较多的钙等金属离子引起时，添加螯合剂才是最为有效的。螯合剂的加入要考虑在形成不溶性钙皂以前加入，否则会大大降低螯合剂的效果。此外，一般不单独使用螯合剂来控制树脂障碍问题，只有和其他树脂障碍控制剂如表面活性剂等混合使用，才能发挥各自的优势，以达到控制树脂障碍的目的。由于磷酸盐能与硫酸铝发生反应形成不溶性磷酸铝，故这两种物质不能同时使用。

造纸工业污染存在哪些问题

造纸工业是一个与国民经济息息相关的行业，同时也是一个能源及化工原料消耗高、用水量大、对环境污染严重的行业，这是由于造纸工业废水排放量大，废水中又含有大量的纤维素、木质素、无机碱以及单宁、树脂、蛋白质等，致使废水色度深、碱度大，难降解物质含量高、好氧量大。它能造成整个水体的污染和生态环境的严重破坏。美国的六大公害和日本的五大公害均有造纸工业，而西欧国家如瑞典、芬兰造纸工业有机负荷已占全部工业污染负荷的80%。我国造纸工业污染更为严重，据统计，我国造纸工业排放的废水量占全国工业废水总排放量的20～30%。

我国造纸工业污染主要存在着以下的问题。

一、废水排放量大。据统计，每生产1吨化学浆要排放150～350m^3废水，而由纸浆每生产1吨纸约排放20～70m^3废水。目前我国每吨浆纸综合排放废水在300～600m^3，其中化学木浆排放废水200～300m^3，草浆产每吨纸综合排放废水300～400m^3，远远超过工业化国家的废水排放量。

二、废水成分复杂、浓度大。依据造纸的生产过程，其废水大体上可分为制浆废液（黑液、红液等）、中段废水（包括洗涤净化与漂白废水）及纸机白水三种。但由于原料（针叶木、阔叶木或麦草等非木材原料）、制浆方法（化学法、半化学法、化学机械和机械法等）不同及各种化学药品（漂白剂、填料、施胶剂、增强剂和涂料等）的添加，造成不同的纸厂其废水性质相去甚远。废水中含有大量的溶解性有机物、无机物或以悬浮物存在的细小纤维等，据统计，我国每年排放的造纸废水中codcr为327.4万吨，占工业codcr总排放量的42%，居第一位。

三、废水中有毒物质含量高、造纸废水中的毒性物质种类很多，其中典

△ 造纸厂污染的河流

型的有机物有树脂类化合物、单宁类化合物、氯代酚及其他有机氯代物、有机硫化物等。无机的毒性化合物以含硫化合物为主，如硫酸盐、硫化氢等。北欧、北美等地的工业化国家已采用改良制浆和TCF（total chlorine free，全无氯）或ECF（elemental chlorine free，无元素氯）漂白工艺，每吨浆的用氯量降低到0.5～1%，使废水中毒性物质的浓度降低到了一定的限度。我国大多数的工厂用氯量仍高于7%，因此漂白废水中AOX（adsorbable organic halides，可吸附有机卤化物）类物质含量仍然很高。

四、工业废水治理水平落后。我国造纸企业以中小厂居多，大多采用以麦草为原料的碱法工艺，由于草浆黑液碱回收存在技术问题及受企业生产规模或资金的限制，国内具有碱回收装置的企业所占的比例并不高，废液治理的比例低，相关的科研与技术的推广仍停留在较小规模和较低水平，与当前造纸工业废水污染亟待根治的迫切形势不相适应。

制浆造纸生产中的废水主要是蒸煮废液、中段废水和造纸白水三部分。蒸煮废液的污染负荷约占全部制浆造纸废水的80%，是最主要的污染源；其次是中段废水。造纸白水回收技术在我国已普遍推广，大型纸机一般都采用了多圆盘过滤机，中小企业则采用气浮池或多圆盘过滤机进行白水回收，使造纸白水得到了充分的回用，有的已实现封闭循环。造纸白水的污染治理在技术上已没有障碍。中段废水由于其自身的特点给治理带来许多不便，目前有各种各样的处理方法在使用，但都存在不同程度的二次污染或者成本问题，因此寻求一种经济可行、运行稳定的工艺去除中段废水中的有机物具有积极的环境和社会意义。

造纸白水污染有什么危害

造纸白水即是抄纸废水，是在纸的抄造过程中产生的，纸机白水中所含物质包括溶解物（DS）、胶体物（CS）和悬浮物。DS和CS来自木材、水和生产过程中添加的各种有机和无机添加剂及应用的化学药品。DS和CS统称为胶溶物（DCS）。有机物包括木材降解产物、添加剂的各种聚合物等；无机物包括各种金属阳离子和阴离子，如作为填料或涂料加入的$CaCO_3$、滑石粉、白土、TiO_2等和作为施胶或助留、助滤剂加入的硫酸铝。悬浮物通过沉淀、过滤或气浮等方法就可以除去。CS一般容易从白水中除去，甚至较小的胶黏物也可能在添加某些有效的助剂以后在溶气气浮时除去，但还不能全部除去。DS是白水循环时逐渐积累的溶解性盐基，如Na^+、SO_4^{2-}，由于白水长时间循环，DS不断增加，导致白水pH值逐渐降低，从而造成部分设备及白水管道的腐蚀，尤其是白水回用率较高的造纸厂，腐蚀问题更严重，但现有的添加剂在气浮池中很难除去。因此，除了正确选用防腐蚀材料和在白水系统中添加缓蚀剂外，还要选择恰当的白水回用率。如果对白水进行彻底处理，虽然达到了"零排放"，但成本很高，而且又会影响生产的正常运行。研究表明，纸机白水回用率在70～75%时，既可以节约用水又能满足生产上的防腐蚀要求；如果将白水回用率提高到90%，投加一定量的缓蚀剂也可达到防腐蚀的目的，在经济上也是合理的，且不影响产品质量。

废纸回用过程废水有哪些危害

一、废纸回用过程的废水来源

废纸造纸废水主要来源于废纸脱墨、洗涤、浆料净化筛选、浓缩和纸机湿部。在制浆部分的除渣、洗浆、漂洗等过程中产生大量的洗涤废水。抄纸部分产生含有纤维、填料和化学药品的废水通常经过处理后能够得以循环利用，回收纤维和填料，因此废纸造纸废水的主要来源是制浆部分的洗涤废水。

废纸造纸中，脱墨工艺产生的废水的污染负荷较之非脱墨工艺要高得多，脱墨废纸造纸废水主要有两类：一为制浆部分的脱墨、除渣、浓缩、洗浆等过程中产生的大量洗涤废水；二为抄纸部分洗涤以及脱水过程中产生的含有纤维、填料和化学药品的"白水"。

二、废纸造纸废水的污染特征

利用废纸进行制浆造纸，废水主要来源于废纸的脱墨、打浆、浆料的净化筛选和纸机湿部，根据生产工艺，主要可以分为有脱墨制浆废水和无脱墨制浆废水。华南理工大学造纸与环境学院有关专家研究总结了废纸造纸废水的主要特点如下。

1. 废水量大，一般单是每生产1吨脱墨浆，废水量就高于30~100吨，若再加上打浆、净化和纸机湿部所产生的废水，则废水量就更大。

2. 废水中含有的悬浮物主要有油墨、纤维、填料及助剂等。

3. 废水中SS、COD、BOD等污染指标较高，COD含量比BOD含量高，一般为3:1，且废水颜色比较深。曾有专家对两家造纸厂的废纸造纸过程进行有、无脱墨废水分析检测，结果表明：虽然两家造纸厂所用的废纸原料及脱墨工艺的不同造成其脱墨废水中SS、COD、BOD的含量有较大的差别，但是这些污染指标均大大超过国家所规定的造纸工业废水排放标准，且在脱墨废水中一般是COD含量高、BOD含量低，

△ 造纸废水回收利用

BOD\COD<30%，因而造成脱墨废水的可生化处理性差，同时，国外最新的研究结果还表明，在脱墨废水中含有有毒的氯化物质，这就更加重了脱墨废水对环境的危害性，因此对脱墨废水的处理是十分有必要的。

4.脱墨废水的污染特征。脱墨废水与一般的制浆车间废水不同，它的污染特征与用于脱墨的废纸种类、脱墨工艺及废纸处理过程中的技术装备等有关，其有以下主要特点。

①废水量大。生产1吨脱墨纸浆废水量可达100吨，若再加上打浆、净化等，则废水量更大。

②TSS高。总悬浮固体主要有细小纤维、涂料、油墨粒子、填料、助剂等。

③BOD、COD等污染指标较高。

④脱墨废水中N、P相对不足，且含有重金属离子，若采用化学浆的废纸，其脱墨废水中还含有二恶烷等有毒物质。

三、废纸造纸废水的危害

废纸中含有大量的漂白浆（主要仍由含氯漂白剂漂白）制成的废纸，故必然有二英的存在。在一些使用次氯酸钠漂白废纸工厂的脱墨废水中也发现有三氯甲烷。随着无氯漂白的推广应用，二英和三氯甲烷等含氯有毒物质的含量必将大大减少。另外脱墨废水中含有重金属，随着油墨制造商越来越多地采用有机颜料，重金属的浓度会逐渐降低。这些有毒物质加重了脱墨废水对环境的危害性。

造纸工业废水物理化学处理法有哪些

一、重力沉降法

制浆造纸废水中悬浮物质主要有树皮、纤维、纤维碎屑、填料和涂料（如白土、碳酸钙及二氧化钛等）。

去除这些物质的三种方法是重力沉降、气浮和筛滤。适用的筛滤系统所需投资较大，还有许多设施的内在问题，所以应用较少。在某些情况下，为了回收长纤维部分，也可以采用静态斜筛或微滤筛作为预处理设施。重力沉降和气浮在制浆造纸工业废水处理中是去除悬浮物的主要方法。

同许多其他工业废水处理一样，大多数制浆造纸废水处理厂都设有一级沉淀池。在一级沉淀池前，一般设有格栅和沉沙池，这对整个水厂运行是至关重要的，因为它关系到整个水厂的正常运转。格栅用来去除大块悬浮物与漂浮物，保证管道、阀门及泵的畅通无阻。沉沙池可以预先除沙，防止沉淀池和配水渠道内严重堵塞、磨损，为防止沉沙中带有有机物，引起后续处理上的麻烦，常采用曝气沉沙池。

一级沉淀池中，最常用的是辐流式沉淀池，其设有机械刮泥装置；其次是平流式沉淀池。

多数制浆造纸废水在一级沉淀池内都可以达到80～90%的悬浮固体去除率，可沉固体去除率可达95～100%（不是所有悬浮物都是可沉的），沉降效果因工厂的悬浮固体性质不同而不同。对于设有高纤维回收系统的工厂，一级沉降处理中很难达到最高的效率，因为此时短纤维和树皮在悬浮物组分中占优势。利用废纸生产纸或纸板的工厂所产生的白水，其中含有白土和其他填料，悬浮物是高灰分的，对于这种废水，有时绝大部分悬浮物已被除去，但其排水仍是浑浊的，这是由于仍然有少量填料没有被去除。表面活性剂能促使某些填料在水中稳定存在，也是由于这一原因造成的。

去除的悬浮物中往往含有一定量的生物耗氧物质。尤其纸板厂、包装纸厂和卫生纸厂沉降的固形物中几乎包含着所有的生化耗氧物质，故在一级沉淀池内BOD去除率很高。相反，对于制浆造纸综合厂，大部分BOD是溶解态的，沉降去除的BOD很少。

二、气浮法

纸机的白水含有纸浆纤维和无机填料等悬浮性物质，其浓度因纸机的装备水平和生产的品种而不同，一般为500～1000mg/L。在大多数情况下，纸机的白水除了供本机台回用外，还有一定量的白水回用至制浆车间或排放。当纸机白水中悬浮物含量较高时，回用于制浆车间将会给工艺造成困难；如果直接排放，不但会使纸浆纤维和无机填料流失，增大产品的消耗和成本，而且会对环境造成严重污染。因此，对纸机白水进行处理、回收利用是十分重要的。白水处理主要是回收白水中的纸浆纤维和无机填料，降低白水中的悬浮固体，提高白水的循环利用率，减少纸机的清水用量，降低排放的污染负荷，保护和改善环境。

白水气浮法处理技术是使空气在一定压力的作用下溶解于水中，再经过减压释放形成极微小的气泡，使其与处理的白水混合，微小气泡黏附于白水中的纤维或细小填料上，而后一起上浮于水面并被去除，以达到白水净化的目的。

普通的气浮法根据溶汽水制备的方法的不同，可以分为压缩空气法、插管法、射流法等。

三、混凝法

化学混凝法是处理废水中较为常用的方法，这种方法可以有效地降低废水的浊度和色度，在工业废水的处理中应用十分广泛，既可以作为独立的处理工艺，也可以与其他处理方法配合使用，用于预处理段、中间处理段和最终处理段。它可以作为初级处理的手段，也可以作为二级处理或深度处理的一种工艺。

由于造纸原料品种多、杂物含量高，加之有些纸通过多次回收再生生产，导致造纸废水的成分非常复杂，难以净化处理。废纸在处理过程中，经过脱墨、筛选、洗涤等单元操作，产生了大量的细小纤维和其他细小固体颗粒，这些悬浮物在废水中造成了很高的浊度和色度。同时，废水中因含有大量的细纤维、树脂、色料及其他化学和物理杂质，使COD、BOD、色度污染负荷大，难以直接生物降解。采用化学混凝沉淀法，即利用适当的絮凝剂处理废水，可以使其中的细小纤维和其他细小固体颗粒悬浮物沉淀下来。沉淀得到的泥浆做适当处理后可以作为箱板纸浆加以利用，水则作为工业水循环使用。因此，造纸废水处理的关键是选取高效和经济合理的絮凝剂。

1. 衡量絮凝剂性能的指标

衡量絮凝剂性能的指标主要是：絮凝剂的临界浓度低，对废水pH值的适应范围大，所得絮凝剂的沉降速度快，含水率低。絮凝剂的残留毒性尽可能小，最好无残留毒性。在造纸废水的处理过程中，选择好絮凝剂是关键的一步。

2. 常用絮凝剂

因为高分子絮凝剂具有良好的絮凝效果、脱色能力和操作简单等优点，人们一般优先考虑使用高分子絮凝剂。高分子絮凝剂可以分为合成的无机高分子絮凝剂、有机高分子絮凝剂和天然有机高分子絮凝剂三大类。

①无机高分子絮凝剂。无机絮凝剂的应用历史比较悠久，但无机高分子絮凝剂却是20世纪60年代后期才发展起来的。无机高分子絮凝剂的品种在我国已经逐步形成系列。阳离子型的有聚合氯化铝（PAC）、聚合硫酸铝（PAS）、聚合磷酸铁（PFP）、聚合硫酸铁（PFS）、聚合氯化铁（PFC）等。阴离子型的有活化硅酸（AS）、聚合硅酸（PS）。无机复合型的有聚合氯化铝铁（PAFC）、聚硅酸硫酸铁（PFSS）、聚合硅酸氯化铁（PFSC）、聚合硅酸铝铁（PFSI）、聚合磷酸铝铁（PAFP）、硅钙复合型聚合氯化铁（SCPAFC）等。因为纸浆带负电荷，一般选择阳离子型的高分子絮凝剂，同时起中和电荷和絮凝架桥的双重作用，沉淀效果好。目前常用聚合氯化铝（PAC）作絮凝剂以除去纸浆中的悬浮物和胶体粒子。其优点是可以同时除浊和除色，而且用量仅为硫酸铝的1/4～1/2，水温降低时絮凝作用变化不

大。其缺点是容易生成细小矾花，较难进行固液分离，纸浆回收效率较低。据研究报道，铝盐絮凝剂有一定的毒性，水中铝含量高于0.5mg/L即可使鲑鱼死亡，对植物和微生物也有毒副作用，对人易引起老年性痴呆病等。科研人员正在研究新的高效无机高分子絮凝剂以取代聚合氯化铝（PAC）。

②有机高分子絮凝剂。同无机高分子絮凝剂相比，有机高分子具有用量少、絮凝速度快、受共存盐和pH值及温度影响小、生成污泥量少且易于处理等优点，因而具有广阔的应用前景。在合成的有机高分子絮凝剂中，聚丙烯酰胺（PAM）的应用最多。它有非离子型、阳离子型和阴离子型三种。高相对分子质量（106以上）的聚丙烯酰胺（PAM）属阴离子型絮凝剂，絮凝作用强而无毒，对悬浮于水中的细小粒子产生非离子吸附，使粒子之间产生交联。聚二甲基二丙烯氯化铵及二甲基二丙烯氯化铵-丙烯酰胺共聚物（DMDAAC-AM）属阳离子型高分子化合物，用于水处理时可获得比目前较常用的无机高分子絮凝剂和有机高分子絮凝剂更好的效果，可单独使用，也可与无机絮凝剂一起使用。二甲基二丙烯氯化铵（DMDA-AC）与乙烯基三甲氧基硅烷的共聚物可用于絮凝造纸厂纸浆的木素，去除废水中的油墨，对造纸废水进行除油、脱色等。据美国专利报道，相对分子质量大于2000（最好接近100000）的聚二甲基二丙烯氯化铵（DMDAAC）与无机混凝剂如AlCl3以（95：5）~（50：50）的比例混合使用处理低浊水，既可以克服有机絮凝剂处理浓度为20×10−6mg/L（或更低）的低浊水效果不好的缺点，又能解决无机絮凝剂用量大、产生污泥多而细、难以处理的问题。在国外，聚二甲基二丙烯氯化铵（DMDAAC）被广泛应用于造纸工业。通过聚二甲基二丙烯氯化铵与带负电的纸浆间的吸附作用，达到净化水质以回收重复使用、保留填料以及提高纸的强度等目的，还可以提高纸的防静电性能。利用无机高分子絮凝剂聚合氯化铝（PAC）和有机高分子絮凝剂阳离子聚丙烯酰胺（CPAM）配合处理废纸再生废水，COD去除率达75%以上，透光率达92%~99%。

③天然高分子絮凝剂。天然高分子絮凝剂可分为碳水化合物、黄原酸酯类、壳聚糖类和甲壳素类等。在众多的改性高分子絮凝剂中，淀粉改性

絮凝剂的研究与开发尤其引人注目。国内关于各类淀粉与丙烯酰胺、丙烯酸酯、丙烯腈等的接枝共聚反应研究和开发应用研究，已经广泛开展，以淀粉-丙烯酰胺共聚物为母体而制备的阳离子絮凝剂，成本价格低于阳离子聚丙烯酰胺（CPAM），用量也低于阳离子聚丙烯酰胺（CPAM）和聚丙烯酰胺（PAM），而且提高了生物降解性。用其进行污水处理和污泥脱水，效能明显优于国产的阳离子聚丙烯酰胺（CPAM）和非离子型聚丙烯酰胺（PAM）。

微生物絮凝剂是一类由微生物产生的且具有絮凝能力的高分子有机物，主要有糖蛋白、黏多糖、纤维素和核酸等。它是利用生物技术，通过微生物发酵、抽提、精制而成的天然高分子絮凝剂。可以广泛应用于纸浆废水、砖厂废水、染料废水的净化处理。目前常用的絮凝剂难以去除废水中的有色物质，而在80mL造纸废水中只要加入2mL 2%的Alcaligen Lleslatus培养物和1.5mL的聚氨基葡萄糖，即可形成肉眼可见的絮凝体并浮于水面，脱色率可达94.6%，下层清水的透光率几乎与自来水相同。微生物絮凝剂的絮凝活性受分子结构、分子量和活性基团等多种因素影响，目前微生物絮凝剂研究的主要问题是找出合适的絮凝微生物及其培养液，力求尽量缩短培养周期和提高絮凝活性。微生物絮凝剂的优点非常突出，主要表现为：形成沉淀少，易于固液分离；易于被微生物分解，无毒无害；无二次污染；适用范围广；具有除浊和脱色性能。因此，微生物絮凝剂是今后的发展方向，终将取代大部分乃至全部普通絮凝剂。

据报道，日本已有微生物絮凝剂的工业化生产，我国目前还暂时局限于实验研究阶段，在造纸废水处理中的应用还几乎是空白。为了找出高效、无毒、经济和安全的造纸废水处理絮凝剂，我们应该尽快开发、培养和利用微生物絮凝剂。

四、化学氧化法

化学氧化法一般用来去除制浆造纸废水中的色度。常用的化学氧化剂包括氯、二氧化氯、臭氧、过氧化氢、高氯酸及次氯酸盐等。氯最为便宜，其他几种氧化剂或者是太贵，或者是不稳定，或者这两点都有。

为使工艺过程经济可行，往往把化学氧化处理放在生物处理的前边，作为预处理，去除那些不易生物降解的物质，从而减少色度和有毒物质。

臭氧氧化脱色比过氧化氢效果好。臭氧浓度为20mg/L时只要90min就可以去除废水色度的90%，而且其中85%是在15min内完成的，浓度为20mg/L的臭氧就可以超过2000mg/L的过氧化氢的脱色能力。

臭氧脱色法应用的关键在于低成本臭氧的产生。生产臭氧的原料是空气，空气需要净化和干燥，因此需要设备投资，并消耗能量；臭氧发生器中有90~95%能量转化成光、声和热能，生成臭氧标准热量是0.82kW·h/kg，而实际上需要能量为18~20kW·h/kg。

载气数量对臭氧脱色影响也很大。随着臭氧浓度增加及温度的提高，臭氧自动分解量在增加。老式的臭氧发生器在低温下运行时，臭氧浓度为2~4%（质量分数），而新式的可在臭氧浓度为8%（质量分数）的情况下工作。压缩、干燥及净化大量的空气必然增加臭氧生产的成本。

较新的臭氧发生器使用载气循环技术，减少了空气的消耗量，但考虑到气体处理和净化设备的额外投资，此技术对大型臭氧发生系统才是经济的；而不循环的直流式空气系统对小型的臭氧发生系统还是适宜的；直流式氧气系统对中型臭氧发生系统也是较为有利的。

废水色度低，则脱色所需要的臭氧量少。如果褪色后接生物处理工艺，还应进一步确定臭氧脱色中的臭氧最小投加量。

一些研究者发现，在紫外光照射下，利用臭氧和过氧化氢处理漂白废水有相当好的效果，美国人J.EdwardSimth用过氧化氢处理漂白废水，发现过氧化氢在480mg/L这样的低浓度下，脱色率可达80%，在这个过程中，他观察到，在紫外光照射后的48h内，有色度连续减少的自动催化行为。另一美国人Peter.W.simth在试验中，应用紫外光照射，以臭氧及过氧化氢处理漂白废水，色度减少到100acu（标准色度单位）以下，相应于每吨风干浆的废水中的AOX由3.5kg降到1.5kg。用紫外光/H_2O_2/O_3系统处理废水时涉及的是自由基连锁反应。$H2O_2$和O_3都可以分解产生氢氧自由基（-OH），紫外光能够激活体系内存在的所有化合物（H_2O_2、O_3及一些有机物），使有机物降解，反应更容易发生。

在实验研究基础上，美国人Tuichi等发现，在紫外光照射及光化学活化的TiO₂作用下，漂白废水可以被完全脱色甚至矿化（降解为碳酸盐或氯化物），Higashi在处理二次漂白废水时得到相同的结果。

TiO_2以两种矿物形式存在，即锐钛型和金红石型。后者是具有光化学特性的半导体物质，作为固体催化剂，它能够在其表面上把光能转化为自由基（多数情况下是·OH）。这个特别活泼的自由基能引发自由基连锁反应，促使最后废水中的污染物的氧化，然而光能转化效率是很低的，大部分能量转化成热能损失掉了，因此这一方法费用比较高。

目前在脱色方面的光催化作用引起许多研究者的兴趣，现在正有人探索用太阳能照射作为紫外光源来处理漂白废水。

其实，TiO_2、ZnO、CdS、SnO_2等都是半导体催化剂材料。但是TiO_2化学温度性好，耐腐蚀，具有较宽的价带能级，可使一些化学反应得到实现或加速，TiO_2无毒，所以在脱色反应中，TiO_2作为催化剂的研究较多。

五、还原法

在废水处理中，采用还原剂改变有毒、有害污染物质的价态，可消除或减轻其污染的程度。常用的还原剂有电极电位较低的金属（铁、锌、铝、铜粉）；有带负电的离子（如$NaBH_4$中的B^{5-}）；有带正电的离子（如$FeSO_4$和$FeCl_2$中的Fe^{2+}）。氯代有机物是一类重要的难降解的有机化合物，几乎所有的氯代有机物都有毒性，对此类有机物的治理方法研究一直为专家所关注。有人利用Pd-Fe双金属系统对水中含1~2个碳的氯有机物如三氯乙烯和四氯化碳进行脱氯，发现它们均在几分钟内迅速降解为相应的烃和氯离子。还有人用同样的方法，在数分钟使多氯联苯完全脱氯，达到无害或低害的目的。但这种方法也存在降解不彻底，有的中间产物也有毒性，且需要较贵的重金属，还有待于进一步实验研究。

六、高级氧化工艺（AOPs）

高级氧化技术是以产生氧化自由基为主体的氧化技术，它利用高活性自由基进攻大分子有机物并与之反应，从而破坏有机分子结构，达到氧化去除有机物的目的，实现高效的氧化处理。根据产生自由基的方式和反应条件的不同，可将高级氧化物技术分为湿式空气氧化法、超临界水氧化法、光化学氧化法、化学氧化法、物理方法等。这里介绍其中的几种。

1. 光化学氧化法

光化学氧化是指在光辐照下产生氧化反应的一种方法。光照一般采用紫外光，根据是否使用催化剂，光化学氧化又分为光催化氧化和光激发氧化。

①光催化氧化。光催化氧化就是在紫外光辐射下，同时加入催化剂以氧化除去水中的有机物。使用较多的是TiO_2/UV，TiO_2/UV法产生·OH的原理是：当TiO_2受到大于禁带宽度的能量（约3.2eV）激发时，其满带上的电子被激发越过禁带进入导带，同时满带上形成相应的空穴（H^+），所产生的空穴具有很强的捕获电子的能力，而导带上的光致电子（e^-）又具有很高的活性，在半导体表面形成氧化还原体系。当半导体处于溶液中时，便可产生·OH。1986年，美国Mattews等用TiO_2/UV法对水体中存在的多种有机物进行了研究，结果表明，除硝基苯、四氯化碳、三氯乙烷降解缓慢外，其他物质都能被迅速降解。日本前泽昭礼等人用玻璃粒子、TiO_2悬浮液、玻璃纤维、渥太华沙、硅胶分别做了对比试验，结果表明用悬浮液处理的效果仅比用玻璃粒子处理效果好，在其余三种当中，又以硅胶氯代有机化合物及造纸黑液超声降解的挥发性有机化合物，都取得了一定的成绩。

②非均相光催化氧化。也称非均相半导体光催化氧化法。光和催化剂是引发和促进光催化氧化反应的必要条件。原理是TiO_2、ZnO、CdS等半导体材料具有能带结构，其共价带与导电带之间的能量壁垒（能阶）很低，往往只有几个电子伏特，共价带与导电带之间由禁带分开，当用能量等于或大于禁带的光照射于N型半导体材料表面时，共价带上的电子受到激发跃迁到导电带，同时在共价带形成空穴，这样就产生了电子–空穴对，半导体颗粒的能带间缺少连续的区域，使形成的电子–空穴对寿命较长，这样受光激发跃迁至导电带的大量电子流向半导体粒子内部，而空穴则向粒子表面移动。粒子表面空穴的能量为7.5eV，具有强氧化性，可将溶液中吸附于半导体颗粒表面的有机物质氧化分解为无害物质。在这种光诱导作用下，非均相水溶液中催化

剂表面发生的氧化反应称为光催化氧化。

2. 物理氧化法

此法运用物理手段产生自由基来实现氧化有机物，无二次污染，是一项洁净技术，且便于自动化，是值得研究的一种新技术。

①高能电子辐照。高能电子辐照技术原理是向水体中喷射高能电子，高能电子与水发生作用生成高氧化性的水合电子·H和·OH。这些氧化性物质随后与水体中有机物发生一系列反应，导致有机物降解。只要有足够的辐照量，难降解的有机物最终彻底矿化，这方面已有不少文章报道。

②电化学。电化学技术是利用特制电极，通过电解方法在水体中产生·OH类的强氧化剂，是氧化降解有机物的一种氧化方法。

③声化学氧化技术。声化学氧化处理废水是利用超声空化效应所带来的高温高压，几乎使任何污染物在此条件下都能完全氧化降解。

七、化学沉淀法

向废水中投加某些化学药剂，使之与废水中的污染物发生化学反应，形成难溶性的物质而被沉淀，使废水得到净化，这就是废水处理技术中的化学沉淀法。对漂白有色废水，常用石灰沉淀法，实质是使以木素为主的弱有机酸色度与钙离子生成不溶性钙盐。

在硫酸盐浆厂中一般都有化学品回收系统，这就为脱色所用石灰的回收提供了有利条件，并且在石灰窑内，由于高温氧化作用去除的有色物质可以被氧化分解。

八、吸附法

现代化制浆厂由于蒸煮废液已充分回收利用，因此排放废水中的漂白废水已成为主要污染源。漂白废水不但含有较高的BOD

△ 处理后的造纸废水

和COD，而且更突出的是其色度（尤其碱处理段废水）和氯酚类的毒性，解决漂白废水污染是当前制浆造纸工艺减少污染的一个重要方面。除了实行清洁生产、改革工艺等途径外，国外针对漂白废水的其他处理途径也进行了大量的探索，提出了多种物理化学处理法，其中包括吸附法。此法对生化处理后的制浆造纸废水的深度处理有广泛的应用前景。

水处理技术中的吸附法就是利用多孔性的固体物质，使水中一种或多种物质被吸附在固体表面上。它用于除臭、除有机物、胶体、微生物及余氯等。具有吸附能力的多孔性固体称为吸附剂，而水中被吸附的物质则称为吸附质。吸附的特点是：处理效果好、吸附剂可以再生。

目前在废水处理中应用的吸附剂有多种，这里着重介绍以下三种。

1. 活性炭吸附剂。与其他吸附剂相比，活性炭具有巨大的比表面积和特别发达的微孔。通常活性炭的比表面积高达$500 \sim 1700\mathrm{m}^2/\mathrm{g}$，这是活性炭吸附能力强、吸附容量大的主要原因。它对水中的有机物有极大的亲和性，有效去除废水或饮用水中大多数有机污染物。活性炭吸附的主要对象是废水中用生化法难以降解的有机物或用一般氧化法难以氧化的溶解性有机物，包括木质素、氯或硝基取代的芳烃化合物、杂环化合物、洗涤剂、合成染料等。但它对一些脂肪链短、极性大的有机物，如甲醇、乙醇、甲醛、乙酸、甲酸等不易吸收。活性炭吸附法有粉末状活性炭（PAC）、颗粒状活性炭（GAC）和纤维状活性炭（FAC）等多工艺技术，各有优缺点。当前GAC应用较多，PAC次之，FAC具有PAC和GAC的优点，但价格较高，实际应用受到限制。

2. 离子交换树脂。它具有较高的比表面积，虽然微孔不如活性炭丰富，但孔径大小、表面极性都可人为控制。早期出现的凝胶型树脂，对水中有机物吸附可逆性很差，有机物污染严重，为了改善其抗有机物污染能力，出现了大孔型树脂、丙烯酸系列阴离子交换树脂。它们能有效克服有机物被树脂吸着的不可逆倾向，因此抗有机物污染物能力也强。

3. 黏土矿物类吸附剂。这类吸附剂包括硅藻土、蒙脱土、膨润土、高岭土、海泡石、沸石、氧化铝、四氧化三铁炉渣废料和锰矿石等。它们结构都为层状或疏松多孔，具有较大的表面积，其表面极性较强。以前一般用于水中重金属离子以及其他无机污染物的去除。鉴于目前水中有机物污染的严重性，且大多数有机物极性低，研究者对这类吸附剂进行了改性，增加其表面积，改变表面极性，提高对有机物吸附能力。有人用十六烷基三甲铵（HDTMA）改性蒙脱土，用来吸附萘。也有人用十六烷基三甲基溴化铵（CTMAB）和十六烷基吡啶（CPB）改性蒙脱土和海泡石用来吸附水中苯、甲苯和乙苯等污染物，虽然此领域已有大量的研究报道，但仍有许多技术难题难以解决。

吸附法在制浆造纸废水的深度处理中有重要作用。活性炭法去除水中有机氯化物是最有效的，随着排放标准的不断提高，吸附法在将成为制浆造纸废水的不可缺少的处理单元。

九、膜分离技术

膜分离技术是20世纪初出现，20世纪60年代后迅速崛起的一门新型高效分离技术，现发展成为一种重要的分离方法，并且由于其具有操作压力低、操作过程无相变化等特点，很快发展成为重要的工业单元操作技术。

膜分离技术就是利用一种特殊的高分子膜对混合溶液在压力下进行处理的方法。按膜孔径的大小，一般分可为微滤、纳滤、超滤和反渗透。造纸工业中应用的膜分离技术主要是超滤和反渗透，它们是以压力差为推动力的液相膜分离方法。其分离机理为：在一定的压力作用下，分子量不同的混合溶质的溶液流过膜表面时，溶剂和一部分低分子溶质将透过薄膜作为透过物被收集起来，高分子溶质则被截留而作为浓缩液被回收。

运用膜分离技术处理制浆造纸废水，可以极大地降低环境污染负荷，同时由于膜分离技术具有成本低、效率高、运行管理方便、自动化程度高等特点，近年来在制浆造纸废水处理中已达规模应用，并取得了良好的经济效益和社会效益。特别是近几年随着耐高温、耐碱膜的出现，极大地推动了膜分离技术在制浆造纸工业的应用。膜分离技术具有极大的应用潜力和广阔的发展前景。

运用超滤技术处理制浆造纸废水，超滤技术可用于制浆废水的浓缩，废水中主要成分的分离，漂白废水、脱墨废水、涂布废水及纸机白水的处理。

制浆造纸废水的生物处理技术有哪些

废水的生物处理技术就是利用微生物的新陈代谢功能，使废水中呈现溶解和胶体状态的有机污染物被降解并转化为无害稳定的物质，从而使废水得以净化。生物处理法是去除BOD、COD不可缺少的二级生物处理过程，它兼有去除SS、脱色、除臭等作用。根据参与作用的微生物种类和供氧情况，分为好氧生物处理、厌氧生物处理及好氧厌氧组合处理三大类。

一、好氧生物处理

好氧生物处理即在有氧条件下，借助于好氧微生物（主要是好氧菌）的作用来降解污染物的方法。根据好氧微生物在处理系统中所呈的状态不同可分为活性污泥法和生物膜法两类。

二、厌氧生物处理

厌氧生物处理是利用兼性厌氧菌和专性厌氧菌在无氧的条件下降解有机污染物的处理技术。在厌氧生物处理过程中，复杂的有机化合物被降解和转化为简单、稳定的化合物，同时释放能量，其中大部分能量以甲烷的形式出现。

废水的厌氧生物处理，由于不需另加氧源，运转费用低，产生的污泥量少且性质稳定、易于处理，因而得到了大的发展。现在厌氧生物处理法不仅可以用于高浓和中浓有机废水的处理，而且也适用于低浓度有机废水的处理。目前一大批高效的厌氧生物处理工艺和设备相继出现，包括有厌氧生物滤池、上流式厌氧滤池、升流式厌氧污泥床（UASB）、厌氧流化床（AFB）、厌氧附着膜膨胀床（AAFEB）、厌氧浮动生物膜反应器（AFBBR）和厌氧折流板反应器（ABR）等。

三、好氧厌氧组合处理

把厌氧法与好氧法组合起来对废水进行处理的方法即为好氧厌氧组合处

理法。目前已开发的组合工艺有厌氧–好氧（A–O）、缺氧–好氧（A2–O）以及厌氧、缺氧和好氧三段处理（A–A–O或称A2/O）等。

生物处理技术在制浆造纸废水处理中的应用情况怎样

一、好氧生物处理技术的应用

制浆造纸工业废水中应用较普遍的好氧生物处理技术包括：不同改进型活性污泥法、生物转盘、生物滴滤池、接触氧化、氧化塘、曝气稳定塘（ASB）和土地处理系统等。

1. 活性污泥法

活性污泥法是应用最为广泛的废水生物处理技术。它是利用悬浮生长的微生物絮体（这种微生物絮体叫活性污泥）吸附、吸收、氧化和降解废水中的有机污染物，使之转化为无害的物质，从而使废水得以净化的一种好氧生物处理法。活性污泥法主要降低废水的BOD值。

制浆造纸废水含有大量有机物，废水可生化性较好，所以活性污泥法在造纸废水处理中得到广泛的应用。我国的科研人员对此进行了大量的研究，取得了许多成功的经验。

陈让福等用好氧活性污泥法处理造纸废水得到很好的效果，用盐酸和石灰产生的二氧化碳来控制pH值，对设备腐蚀性小，该法对BOD_5、COD、SS的去除率分别达到88.5%、77.8%、85.3%。

赵金辉利用混凝–水解–好氧活性污泥法对造纸废水进行试验研究并取得较好的效果。为保证曝气池的去除效率，防止丝状菌污泥膨胀，在废水中加氮可作为该工艺流程的常规操作。中间试验结果表明该方法对高浓度的造纸工业废水有良好的处理效果，BOD_5、COD、SS的总去除率分别达到91.9%、90.9%、94.5%，最终的出水水质可满足《造纸工业水污染物排放标准》（GB3544–92）中的二级要求。

陈敏等在处理高浓度CTMP制浆造纸废水的活性污泥系统中，采用改良的活性污泥驯化工艺，在驯化阶段间歇式与连续式进料相结合，能够明显改善污泥沉降性能，并显著增加处理效果，COD去除率达77～85%，BOD_5去除率达90～95%，TSS去除率达75～89%。

陈金中等采用活性污泥法对混凝处理后的废纸脱墨废水进行了试验研究，结果表明活性污泥法可以使有机污染物进一步降低，其COD和BOD5的去除率分别达88.6%和93.4%。

传统活性污泥法的缺点是污泥易膨胀，但实验发现向污泥中投加粉状褐煤能改善污泥沉降性能和生化降解能力。另外通过对传统活性污泥法进行改进也可解决该问题。

2. 活性污泥法的改进

①序批式活性污泥法（SBR）。序批式活性污泥法是一种间歇运行的废水处理工艺，它是在一个反应器内按时间顺序先后完成普通连续流活性污泥法中多个处理单元所进行的工艺环节。SBR法具有工艺简单、经济、处理能力强、耐冲击负荷、占地面积少、运行方式灵活和不易发生污泥膨胀等优点，是一种适合于制浆造纸工业废水处理、投资省、运行费用低、处理效率高的新工艺。

颜尚华等研究发现制浆蒸煮黑液经酸析木质素后，直接通过SBR系统处理可使COD去除率达54.5～63%，BOD5去除率达70%～84%；若采用内电解和SBR联合对黑液进行处理更为有效，酸析木质素后的黑液经内电解预处理后再经SBR系统处理可使COD去除率达71～77%，BOD去除率达67～75%。

方士等利用SBR工艺对造纸废水进行处理，连续运行结果表明：COD去除率为82.5%，且运行比较稳定，处理效果良好，出水水质达到国家规定的造纸行业废水排放标准。SBR工艺对pH值变化有一定抵抗能力，且活性污泥沉降性能良好，均以菌胶团为主，不易发生污泥膨胀。

对于再生纸废水，中国林科院林产化工所研究开发了气浮-SBR组合处理技术。该技术对COD去除率高，不发生污泥膨胀问题，工艺运行稳定，再生纸废水经处理后可达一级排放标准。

②HCR废水处理技术。挪威克瓦纳水处理公司设计的高效生物反应器（HCR）是活性污泥法的一种发展，其特点是高效、高浓、高负荷，占地小、污泥少、能耗低，很适合于COD浓度较高的制浆造纸工业废水的处理。

这种反应器的结构主要由一个环形的混凝土塔体、循环泵、射流喷嘴、导流反应管、布气管等部件组成。据介绍，HCR的反应效率较常规活性污泥法高，接近到纯氧曝气的水平，其容积负荷可达50~70kgCOD/（m3·d），是常规活性污泥法的10~30倍，反应时间为1~2h，是常规活性污泥法的1/20~1/4，污泥负荷可达5~10kgCOD/（kg·MLSS），是常规活性污泥法的2~3倍，从而使HCR系统的反应体积仅为常规活性污泥法的1/50~1/30，大大减少了占地面积。同时HCR技术还可处理高浓度（COD可达13000mg/L）、低生化性（BOD/COD≤3）和CTMP废液蒸发的污冷凝水等有毒废水。例如HCR处理半化学浆废水和TMP废水，COD去除率均可达70%，处理亚硫酸盐废液蒸发污冷凝水，COD去除率可达80%，糠醛去除率可达100%。

③循环式活性污泥法。循环式活性污泥法简称CAST工艺，是一种可变容积的活性污泥法，整个工艺为一间歇式反应器，在此反应器中活性污泥法过程按曝气和非曝气阶段不断重复进行，生物反应过程和泥水分离过程亦结合在一个池子中进行。CAST工艺中设有生物选择器，可根据具体情况以好氧或缺氧-厌氧运行。生物选择器的主要作用是使系统选择出絮凝性细菌，以利于污泥的沉降。

目前，循环式活性污泥法已成功地应用于造纸废水的处理。在应用CAST工艺对某造纸厂的造纸废水进行中试试验后发现，当进水COD在1600~3415mg/L波动时，其出水平均值为：BOD 57mg/L，SS 22mg/L，COD 205mg/L。在整个试验过程中BOD几乎完全得到去除，COD的去除效率在进水浓度较低时在80%左右，在进水浓度较高时达90%以上。

应用CAST工艺再对该纸厂废水进行生产性试验发现，造纸废水经CAST系统处理后COD去除率为85.7~88.6%，BOD5的去除率大于97.5%。

3. 土地处理法

土地处理法是利用土壤—微生物—植物组成的生态系统净化废水的处理技术，具有投资少、运行费用低、耗能少、处理效果高的特点，美国的实践表明制浆造纸工业废水较适合于土地处理。于秀玲等利用土柱试验模拟土地处理系统，对乳山市造纸厂废水进行试验研究，结果表明在温度10~28℃，投配水量为20000mL/d，水力负荷0.25m/次时，COD去除率在80%左右。在模拟试验基础上，建立由厌氧塘、沉淀调节池和土地处理系统组成的废水治理工程，初步运行结果表明出水可以达到国家规定的排放标准，且运行费用仅相当于常规物化处理的6%，为0.06元/m³。

利用土地处理技术要注意控制用于土地处理的废水的水质，因此对于污染负荷大的造纸废水，要进行预处理以降低其污染负荷，使之符合植物正常生长、保护土壤和地下水不受污染以及不降低农产品质量的要求。

二、厌氧消化法

用厌氧消化法处理制浆造纸工业高浓度有机废水是一种行之有效的处理方法。与好氧法相比，厌氧法具有以下优点：①废水中的有机物转化为甲烷气，产生新能源；②BOD5和COD去除率高，处理效果好；③污泥产率低且易脱水处理；④无须供氧曝气，投加营养盐少，因而处理费用低；⑤结构紧凑，占地面积少。

用于处理制浆造纸废水的厌氧反应器主要有厌氧接触反应器、厌氧滤池（AF）、上流式厌氧污泥床（UASB）、厌氧流化床（AFB）以及组合型和二相厌氧工艺等。

我国自20世纪80年代初以来也开展了对造纸废水厌氧消化处理的研究，试验的废水包括碱法黑液、碱回收污冷凝水、高得率制浆废水等。

1. 厌氧接触反应器

厌氧接触反应器是在厌氧池的基础上发展起来的，它的主要特点是使有效混合与污泥回流结合为一体，以达到高效率的处理。污泥分离采用传统的重力分离或斜板分离。这种反应器适合于悬浮物含量高的制浆造纸废水的处理。较早把厌氧接触反应器应用于制浆造纸废水的是瑞典的AC生物技术公司，该公司研制的Anamet系统以厌氧接触反应器为主，已在近十家造纸厂中运行，处理的废水包括TMP、CTMP、磨木浆、废纸、亚硫酸盐冷凝液等，BOD5、COD去除率分别为50~99.5%、40~85%。我国轻工部环保所进行的"半化学草浆废液厌氧发酵的研究"中也采用了全混合式厌氧接触反应器。

2. 上流式厌氧污泥床（UASB）

UASB反应器属于高效厌氧处理技术，该反应器是由污泥床、污泥层和气液固三相分离器组合而成的。它可以处理SS浓度在40~60g/L，其中VSS占60~90%，颗粒直径为0.5~4mm的高负荷黑液。与其他厌氧反应器相比，UASB具有以下优点：①启动速度快，处理时间短；②污泥产率低；③COD去除率高。UASB反应器目前已广泛应用于处理包括制浆黑液在内的许多高负荷废水。荷兰Baques公司生产的以UASB为核心的Biopoq厌氧装置，其负荷率为20kgCOD/（m3·d），水力停留时间小于一天，COD去除率为50~80%，BOD5去除率为75~90%。我国对UASB反应器也进行了多方面的研究。例如，王静霞等人的实验室研究结果表明山杨高得率浆（CTMP、APMP）废水采用上流式厌氧污泥床（UASB）处理时能得到较好的净化效果，且处理系统较稳定。对APMP废水，COD和BOD5去除率分别为53.5%~62.3%（平均59.0%）和83.5~88.6%（平均87.1%）；对APMP废水的COD去除率可达69.0~72.3%（平均70.9%），BOD5去除率可达92.5~93.4%（平均93.0%）。

3. 厌氧滤池（AF）

厌氧滤池分升流式和降流式两种。目前降流式已取代了升流式，因为降流式避免了悬浮物的堵塞问题和短路问题，它特别适合于处理硫化物含量高和低BOD［BOD/硫化值小于（10~15）：1］的造纸黑液。同时，降流式厌氧滤池下部产生的沼气有助于把上部产生的H2S带走，保护了对毒性敏感的甲烷细菌。1987年，在比利时的Lanken，AF装置被应用于CTMP制浆造纸废水的处理上，它对CTMP废水的处理效果如下：BOD的去除率达85%，COD去除率为70%，负荷率为12.7kgCOD/（m³·d）。

4. 厌氧流化床（AFB）

厌氧流化床使附着微生物的填充材料的有效表面积最大，而填充材料所占反应槽的体积最小，保证体系内附着的活性微生物浓度最大。实验室和中试研究都表明用AFB处理制浆造纸废水是可行的而且能达到比其他高效厌氧反应器高得多的负荷率，同时保持相似的处理效果。在法国经过一年试用后，生产型的AFB已投入使用，其BOD5和COD的去除率可望达83.3%和72.2%，负荷率可望达35kgCOD/（m³·d）。

周健等对中温［（30±2）℃］条件下颗粒活性炭（GAC）载体厌氧流化床反应器处理硫酸盐草浆废水启动方式进行了研究，完成了微生物的驯化和反应器的成功启动，并在此基础上对厌氧流化床处理硫酸盐草浆废水的性能进行了研究，结果显示当进水COD浓度为2000～5000mg/L，HRT为3～9h时，COD去除率为50.1～70.2%，容积产气量1.46～3.0m3/（m³·d），有机容积负荷可达43.2kg COD/（m³·d）。

5. IC厌氧反应塔

IC厌氧反应塔是荷兰Paques公司的专利产品，它是在UASB内循环三相反应器的基础上改进的先进技术，它与传统的UASB比较有更突出的优点：能耗低、占地更小、容积负荷更高、处理效果更好和抗冲击能力更强以及布水系统不易堵塞等。

IC塔的工作原理是：污水从IC塔底部沿切线方向进入，在底部循环回流与膨胀污泥床的颗粒污泥充分混合进行生化反应，在此大部分的有机物降解转化为沼气。产生的气泡由低部位的一级分离器收集，并形成汽提，汽提携带水和污泥经上升管道冲至反应器顶部的气液分离器内。在反应塔高部位产生的部分沼气则被二级分离器收集，然后沿另一上升管道也进入顶部的气液分离器。在顶部分离出来的沼气导入火炬燃烧或发电后回用污水处理系统。而污水混合液通过下降管道降至反应器底部，如此形成了内循环。处理后的水最终经出水堰溢流排出进入曝气系统。

IC塔内部大多由各种特殊的工程塑料做成的单元模块组成，便于拆卸、运输、安装和维修。外部的支撑结构为简洁的钢材料，可在污水处理厂现场制作和安装。

三、厌氧—好氧处理工艺

厌氧—好氧处理工艺是厌氧处理后再进行好氧处理，它具有以下优点：处理效果均比单一的厌氧或好氧好；经济效益好，厌氧预处理时产生新能源沼气；占地面积少，废水中大部分有机物在厌氧段被降解，好氧段的处理负荷轻，因而其设备可减少占地面积；污泥量少，废水中大部分有机物被厌氧菌转化成沼气，污泥量大为减少，为单独好氧的20%。

近年来，许多国家对厌氧-好氧法处理造纸废水进行了研究，并取得了重大进展，欧洲许多国家的造纸厂均采用这种方法对造纸废水进行处理。例如，荷兰Erebeek污水处理厂利用UASB进行预处理后再进入射流曝气池，对三家造纸厂的DIP污水进行集中处理。其处理量为15600m³/d，进水COD为1800mg/L，出水COD为70mg/L，COD去除率达96.1%。又如德国Wepa造纸厂使用厌氧—好氧处理法处理DIP污水，其厌氧反应器采用IC厌氧反应塔，处理量为4000m³/d，进水COD 4000mg/L，出水COD为200mg/L，COD去除率为94.6%。

我国对这种处理系统也进行了相应的研究，取得了不少成果。例如浙江水美环保工程有限公司的水美A/O处理技术是在活性污泥法的前段设置厌氧槽，在此厌氧槽内将原废水、回流污泥同时流入，待保留40～60min后再流入好氧池内氧化。该技术在宁波中华纸业的废水处理中取得了较好的效果，工程的处理水量为35000～40000m³/d，处理废水主要为制浆脱墨废水和造纸白水，进水pH7.1～8.9，COD为1500～3500mg/L，SS为1400～3000mg/L的条件下，处理水质可达COD为60～100mg/L，SS为20～30mg/L，达到国家一级排放标准。

徐华等采用混凝沉淀—厌氧—好氧处理工艺对草浆中段废水进行了试验研究，结果表明该处理工艺比常用的混凝沉淀—好氧处理工艺有优越性，它在去除污染物令排水达标的同时，厌氧处理有沼气产生，具有一定的经济效益，且运行费用亦较低。

施英乔等采用厌氧（UASB）—好氧（SBR）组合技术对高浓度的APMP制浆废水进行了试验研究，结果发现采用UASB-SBR组合技术可使APMP废水的COD去除率达到90.3%。

厌氧-好氧处理还可以用于含氯漂白废水的脱氯。陈元彩等的研究表明采用混凝—厌氧—好氧的一体化处理装置，对有毒的亚硫酸盐浆含氯漂白废水能进行有效的净化，在整个反应器停留时间为15h时，整个系统COD、BOD_5、AOX和毒性值的去除率分别达88.1%、81.0%、98.4%和92%。

如何评判印刷纸张的好坏

最常见的印刷制品之一就是纸质印刷品。没有好的纸张就不可能印刷出高质量的印刷品。那么印刷用纸张应该从哪些方面来评判其好坏呢?

纸张相关的评判参数很多,下面我们一一介绍。

一、纸张的规格。纸张的规格包括纸张的形式、尺寸、定量三方面。

印刷用纸的形式有两种,即平板纸和卷筒纸。平板纸是将纸张按一定规格裁成定长、定宽的纸张。卷筒纸是卷在纸卷芯上呈圆柱状的纸张。平板纸的尺寸是指纸张的长度和宽度,如787mm×1092mm。卷筒纸的尺寸指纸张的宽度,卷筒纸的长度一般在6000~8000m之间。定量指单位面积纸张的重量,一般以g/m^2表示,如有$60g/m^2$的胶版纸是指面积为$1m^2$的胶版纸重60g。

二、厚度。是指纸张的厚薄程度。纸张的厚度影响到纸张的可压缩性和不透明度。如果纸张厚薄不匀,就会使印刷压力产生改变,使印迹深浅不一,影响印刷质量。纸张厚度对不透明性也有影响,纸张越薄,不透明性就可能下降。

三、紧度。紧度指纸张单位体积的重量,亦为密度。紧度会影响纸张的光学性能及物理性能。紧度也与吸墨性能有关,紧度大的纸张吸墨性能会下降。

四、机械强度。机械强度包括抗张强度、压缩性和表面强度等。纸张在外力的作用下会发生形变,而当外力消降后,纸张恢复到原先状态的能力称为纸张的抗张强度。印刷用纸要求有较大的抗张强度,以保证纸张受外力作用时不致断裂。

纸张受到一定压力后会略微压缩。在撤除外力后,纸张恢复到原来状态的程度称为压缩性。纸张的压缩性对印刷用纸尤为重要。因为印刷时,纸张要承受一定的压力使油墨能从印版上转移到纸张上来。如果没有一定的压缩性，印版上的图文部分就不能完全与纸张表面接触，油墨不能良好地转移，就会造成印迹模糊不清而降低印刷质量。

纸张的表面强度是指纤维、填料、胶

△ 印刷纸不同的性质

料三者间的结合强度。纸张的表面强度要能经受得住油墨对纸张的粘力，否则印刷过程中油墨会将纸张表面的纤维、填料粘离纸张表面。

五、两面性。纸张正、反面性质存在差异，称为纸张的两面性。纸张的两面性对印刷的影响较大，由于纸张正面质地紧密，平滑度、表面强度、施胶度等都好于反面，正反双面印刷时会造成印出的产品两面墨色不均匀的现象。

六、光学特性。包括纸张的不透明度、光泽度、白度等。不透明度是指印刷后图文不能透过另一面的性能。纸张的光泽度与印刷有很大关系，高光泽度纸张能使印刷品的色彩光亮，但光泽太强的纸张会使印刷品产生眩光，不利于阅读。纸张的白度是指纸张表面的洁白程度。

七、尺寸稳定性。印刷用纸对尺寸稳定性要求比较高。纸张在印刷时，尺寸如果发生变化，套色就不准。对平版印刷来说，每次印刷，纸张都要吸收一部分水分，如果纸张的尺寸稳定性不好，会使下一色套不上而产生废品、次品。

另外，纸张的印刷适性也是印刷行业对纸张性能评价的一项重要指标。

纸张有哪些规格

印刷品的种类繁多，不同的印刷品常要求使用不同品种、规格的纸张。那么纸张的常用规格有哪些呢？

凸版纸按纸张用料成分配比的不同，可分为1号、2号、3号和4号四个级别。纸张的号数代表纸质的好坏程度，号数越大纸质越差。一般使用凸版纸要求定量为（49～60）±2g/m²，单张纸常用规格为787×1092mm、850×1168mm、880×1230mm，卷筒纸常用规格为787mm、1092mm、1575mm，长度一般为6000～8000m。

新闻纸也叫白报纸，是报刊及书籍的主要用纸。使用时定量为（49～52）±2g/m²，单张纸规格有787×1092mm、850×1168mm、880×1230mm。卷筒纸规格一般为宽度787mm、1092mm、1575mm，长度约6000～8000m。

胶版纸按纸浆料的配比分为特号、1号和2号三种，有单面和双面之分，有超级压光与普通压光两个等级。胶版纸定量有50g/m²、60g/m²、70g/m²、80g/m²、90g/m²、100g/m²、120g/m²、150g/m²和180g/m²。单张纸规格有787×1092mm和850×1168mm。卷筒纸常用规格有787mm、850mm和1092mm。

铜版纸即涂料纸，主要用于印刷画册、封面、明信片、精美的产品样本以及彩色商标等。铜版纸的定量有70g/m²、80g/m²、100g/m²、120g/m²、150g/m²、180g/m²、200g/m²、210g/m²、240g/m²和250g/m²。单张纸常用规格有648×953mm、787×970mm和787×1092mm。

画报纸的质地细白、平滑，用于印刷画报、图册和宣传画等。其定量为65g/m²、91g/m²和120g/m²。单张纸常用规格为787×1092mm。

书面纸也叫书皮纸，是印刷书籍封面用的纸张。书面纸造纸时加了颜料，常有灰、蓝、米黄等颜色，十分好看，可起到装饰作用。书面纸的定量为120g/m^2。单张纸常用规格有690×960mm和787×1092mm。

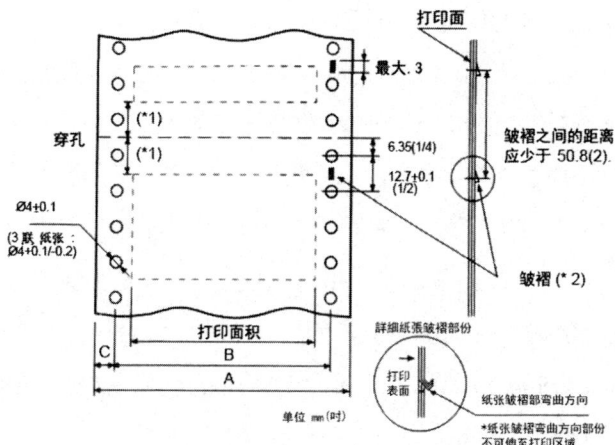

89mm / 3.5吋纸张: A=89+/-0.5; B=76 +/-0.2; C= 6.5+/- 0.1

注:
*1) 不要在穿孔的三行位置内打印
*2) 皱褶和黏着部份要在右面
*3) 1. 穿孔部份不可碰到扣链齿孔
　　 2. 皱褶不可碰到穿孔部份
　　 3. 当纸张运行时不可触皱褶部份
　　 4. 使用低粉末的纸张

△ 纸张的规格与尺寸

压纹纸是专门生产的一种封面装饰用纸，纸的表面有一种不十分明显的花纹，颜色分灰、绿、米黄和粉红等色，一般用来印刷单色封面。压纹纸性脆，装订时书脊容易断裂。印刷时纸张弯曲度较大，进纸困难，会影响印刷效率。压纹纸的定量一般为150～180g/m^2。单张纸的规格为787×1092mm、850×1168mm。

字典纸是一种高级的薄型书刊用纸，纸薄而强韧耐折，纸面洁白细致。质地紧密平滑，稍微透明，有一定的抗水性能，主要用于印刷字典、经典书籍一类页码较多、便于携带的书籍。字典纸定量为30～40g/m^2，单张纸规格为787×1092mm。

书写纸是供墨水书写的纸张，纸张要求书写时不渗墨，主要用于印刷练习本、日记本、表格和账簿等。书写纸分为特号、1号、2号、3号和4号。书写纸定量有45g/m^2、50g/m^2、60g/m^2、70g/m^2、80g/m^2。单张纸规格有427×569mm、596×834mm、635×1118mm、834×1172mm、787×1092mm。卷筒纸规格有787mm和1092mm。

打字纸是薄页型的纸张，纸质薄而富有韧性，打字时要求不穿洞，用硬铅笔复写时不会被笔尖划破，主要用于印刷单据、表格以及多联复写凭证等。打字纸有白、黄、红、蓝、绿等色。一般定量为20～25g/m^2。单张纸规格有787×1092mm、560×870mm、686×864mm、559×864mm。

白板纸伸缩性小，有韧性，折叠时不易断裂，主要用于印刷包装盒和商品装潢衬纸。在书籍装订中，用于无线装订的书脊和精装书籍的中径纸（脊条）或封面，有特级和普通、单面和双面之分，按底层分类有灰底与白底两种。白板纸定量有220g/m^2、240g/m^2、250g/m^2、280g/m^2、300g/m^2、350g/m^2和400g/m^2。单张纸的规格有787×787mm、787×1092mm、1092×1092mm。

牛皮纸具有很高的拉力，有单光、双光、条纹、无纹等品种，主要用于包装纸、信封、纸袋等的印刷。牛皮纸的单张纸规格有787×1092mm、850×1168mm、787×1190mm、857×1120mm。

怎样保藏纸

中国纸一般比较单薄，只用单面书写或印刷。历史上曾采用各种不同的方法增强其韧性与耐久性。书画法帖，常用裱糊方法，用一张或多张的白纸裱褙，以增加重量，消除皱褶痕迹，更使其挺括舒展，从而使艺术形象有所改善。若裱纸陈旧变色，可再行揭裱，使外观得到更新。若遇撕毁磨蚀，也可用其他纸细心配贴，修补如新。书籍珍本如陈旧损坏时，可在每折页之内插镶新纸，使之加固。为了防止蠹虫蚀蛀纸张，常用晾晒通风等法，于雨季前后调节湿度和温度，并防霉腐变质。古代藏书家常告诫世人应善藏珍籍卷轴，勤加检点，以延长书籍纸张的寿命。因而我们今日仍能于博物馆及私家收藏中，见到千年以前的珍贵古籍和名人书画的纸本原物，而且均保藏完好无损。这些人类精神文明的珍贵遗产，多赖有识之士辛勤装裱、修补保护，才能历尽劫乱，垂千百年而不致泯灭亡逸。

一、装裱

装裱纸品最早的记载，约在公元4～5世纪，当时纸张正广泛使用于书写与抄制书卷。唐代鉴赏家张怀瑾于760年曾说，直至晋代的裱褙工艺还不能令人满意，因所用褙纸易起皱折。《后汉书》的作者范晔（398～445）曾对裱糊工艺做过改进。刘宋孝武帝（451～464）曾命徐爱将所藏书卷重新装裱，每卷用十张纸，最长二十尺。

装裱工艺历经数百年的不断改进，现今已成为装饰与保藏纸本艺术品的一种最重要的方法。明代学者张潮曾说："书画之有装潢，犹美人之有装饰也"，不然，"即风韵不减，也甚无谓"。

装潢裱褙是一种极专门的工艺，既需有本行的高超技巧，又必须对书画艺术有丰富的知识，才能细心精致地处理各种文物：或裱糊新纸近作，以利

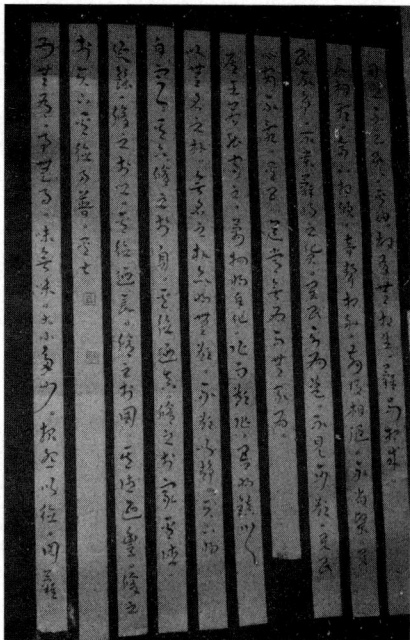

△ 装裱工艺

悬挂或收藏；或揭裱古籍字画，不致腐蠹损佚；或抢救珍本真迹，收到使古物重放光彩的效果。不论所裱装的原物损残程度如何，都要经过细心研究，需用数日甚至数十日的时间，才能完成装裱。专家们认为装裱的质量精粗，能决定一纸书画的寿命，因此说："装潢者，书画之司命也。"装潢师遂成为书画命运的主宰者。

装裱新作，先用稀薄明矾水涂纸，防止纸上墨彩泅濡。明矾用冷水调开，以明矾溶液先刷作品有文字图画的正面。待干透后，再刷反面。然后另把一张薄而韧的背纸铺在案上，用大软毛刷蘸清水将纸刷湿，用宽大糊刷涂上稀薄的糨糊，再同法涂糨糊于原作背面后使两纸密切贴合，并用硬毛刷轻轻拍击，使它们能粘成一体。如背纸一层不够，可依此法再裱一层或多层。待糨糊已渗透纸质而尚未全干时，把书画卷从案上取下，移到墙边大木板上，留置七天或更久，待其全干后，可再裱褙纸一层，另加轴、杆和挂画用的丝绳，这时一幅卷轴的装裱工作才算完成。

揭裱纸本的古代书画，则需先将卷页正面向下覆在案上，用大软毛刷蘸水反复润湿，稍后，趁书卷仍湿用竹片及镊子将旧裱的背纸逐层剥去。原纸上的孔洞及撕破处可用同色的小片薄纸在背面贴补。如纸面因年陈日久而积有尘埃，可用纯净的槐角液或枇杷核液洗去；二者均含有能洗涤尘污的成分。洗去尘埃后，画面光彩如新，而颜色不褪。待纸充分干透后，再用糊裱新画的方法装褙，然后对画面进行修整。

墨拓的裱装方法不一，或裱全张，或剪成长条再行拼裱，或卷成一轴，或装为册页，或整页折叠。整张托裱的目的主要是为在拓片背后添一层薄皮纸，使之坚韧耐久。拓片如开张较大，可折叠藏于匣内，或仿照装裱挂画的方法装为卷轴。对剪成长条的拓片装裱，需要特殊的技巧。从大型碑石上拓下的拓片，常依其直行剪成长条，如传统书籍中的一个行格的字，然后再将长条裱成一本册页。这种装裱的技巧主要在于剪接的手艺。纵向的剪断应使直边齐整，各条拼接准确，自然成为一页而不露缝迹；横向的剪断必须在拼成一页以后，天头地脚平直如切。如裁剪得当，即大功告成。

二、糨糊的配制

装潢质量的优劣，关键是糨糊配制是否得当，尤其是稠黏适度，杀虫辟蠹性强。一般调制糨糊，主要以面粉或稻米的淀粉为主要材料，掺入白芨可以提高黏度。陶宗仪（1320～1399年）在其《辍耕录》中引述学者王古心与一位84岁的某寺院保管佛经的僧人永光之间的一段对话。永光访问王古心书房时，王问道："前代藏经，接缝如一线，日久不脱，何也？"长老回答说："古法用楮树汁、飞面、白芨末三物调和为糊，以粘接纸缝，永不脱解，过如胶漆之坚。"

白芨是一种兰科植物，味苦，含丰富的胶质，地下块茎的汁可入药，也可用以制糨糊。葛洪（284～364）在他所著《抱朴子·仙药》中说："作糊之白芨。"有时在糨糊中加入其他成分，如胡椒、乳香、明矾，使糨糊具有香味，并能起防腐辟虫的作用。周嘉胄的配方说糨糊以白芨与白矾制成，添加少量乳香、黄蜡以及花椒、百部的煎出液。后两种成分可抑制虫类滋生。这种方法制作的糨糊"可永无蠹蚀、脱落等患"。

三、修复

修复古籍破裂剥蛀的纸张，方法基本与揭裱古代字画相似。中国古代书籍的纸张，常受喜食米粉、糨糊的蠹虫蛀咬，或因受热返潮而霉腐变质，以及因为遭受水淹、尘封、烟炙等而残破不全。蠹鱼为害，能使书页穿孔；霉菌则使书页变色，使纸脆破。修整虫孔或撕裂残破的地方，一般用极薄的皮纸裁为小块补贴于纸背。如果原纸已陈旧发黄，则用来修补的纸应用加有杀虫药剂的茶水染黄，以配合原色。如虫穴较小，可以逐个补贴。先将书页打开，覆于打蜡的木案上，再在每一孔洞周围涂以糨糊，加上贴补的纸片，待干后将书页仔细从案上揭下。如虫蛀比较严重，原纸几难成页，可以将补贴的纸置于案上，而将蚀损的书页正面向上置在贴补的新纸上，此时可用镊子撮起残缺书页上虫洞的周围部分，逐一细心地定位在补贴的纸上，使之各复原位。应使书页与补贴的纸取得完全的结合，然后留置案上。待彻底干透后，再细心自案上剥下。

如果原书的纸脆弱易损，或已受蛀蚀至极严重的地步，则必须将书页逐一裱褙于薄而坚韧的皮纸上，方法大致与前文所述托裱书画作品之法相同。为了使纸加固，常在书本的每一折页之内，夹入另一张较书的开本为长的新纸。如原书用纸呈黄色，夹入的新纸为白色，一般称为"金镶玉"。

自纸开始被广泛用于书写之后不久，修复的方法也就出现。贾思勰曾指出，书卷如有损坏，如用硬纸去补，补的地方会出现疤痂，反而对书造成损坏。如用薄如葱叶的纸加以粘补，补处就不明显，只有透过亮光比照才能看出。如损破处边缘弯曲不齐，所补的纸也应按其形状加以剪裁。如所补的纸过大，又不剪成破处的形状，原书破损地方的纸就会蜷曲皱缩。

四、纸的保管

贾思勰认为，为使纸质能保存久远而不坏，应在书画柜中置麝香或木瓜，以防蠹虫繁殖。农历五月，天气潮热，蠹鱼滋生时，如果卷轴不经常展示，虫类必然为害。所以在农历五月望日至七月下旬之间，书卷必须开卷三次以上。开卷时要选择晴天，在宽敞通风凉爽的屋内进行，需避日光直射，以免纸张变色。书卷经日晒而温燠，会招来蛀虫，特别是应避免阴雨湿潮的天气开卷。如果对书卷能小心护持，可保数百年而无败敝的危险。

贾思勰告诫读者，在展弄卷轴书时最忌轻率大意，导致损伤。开卷闭卷均应当徐缓，卷轴之外要多加包帙以便保护。他说："凡开卷读书，卷头首纸，不宜急卷。急则破折，折则裂。以书带上下络首纸者，无不裂坏。卷一两张后，乃以书带上下络之者，稳而不坏。"

以上所述，都是影响纸张寿命的若干外界因素。中国古代不但选择最佳的纤维用来制纸，以保证其坚实耐久，而且从很早就已考虑到保存书籍的各种物理、生物以及气候因素，从而纸的寿命得以延长，特别是使书画艺术品和珍贵的图书记载得以流传后世，历久而不灭。

新闻纸的发明

举世公认，造纸是中国人发明的。可是纸的花色品种多得很，现在全世界大约有12000多种不同的纸。在这么多纸种中，有一种专门用来印刷报纸的纸，叫做新闻纸。这种纸与一般纸有何差别？它是怎样被发明、生产出来的？

在新闻纸还没有被发明之前，欧洲纸所用的原料是棉花、亚麻或破布。这些原料的成本比较高，制造的纸张价钱也比较贵。西方各国的政府只印刷少量的公报或消息供官员们阅读。而普通老百姓之间传播消息、新闻的媒体是嘴说。而口头讲的事情往往容易"走样"，误传时有发生。于是，社会上强烈要求供应大量的、廉价的纸张，供印刷每天的新闻之用。然而，很长一段时间内找不到一个好的解决办法。

1713年，有个法国的科学家名叫罗蒙尔（1683～1755），有一天他在院子里散步时，偶然看到一只马蜂，飞来飞去，罗蒙尔突发奇想：马蜂在忙什么？要弄个明白。经过仔细观察，原来是马蜂在屋檐下衔木筑巢哩。马蜂先飞到树上，咬下一点木屑，然后飞回吐出来涂在巢座上，便成了倒形莲蓬状的马蜂窝。马蜂窝分成许多细格子，每个格子呈六角形，格子的壁又薄又结实，风吹也不怕，有点像纸。罗蒙尔一边观察，一边琢磨，他想：把小小的木屑粘连起来不也能成为一张纸吗？

1719年，罗蒙尔根据自己的研究，向法国科学院提交了一篇论文。论文中说：马蜂能够从一般树木中提取一些小木屑，而后造出了像我们使用的纸状物来。这件事似乎可以启发我们，可以不用破布或亚麻造纸，而改用木头去试一试。

1738年，德国的希费尔（1718～1790）博士沿着罗蒙尔的思路继续对马蜂窝进行更为详尽的研究。他把马蜂窝进行分解，割下一块块的巢壁，用清水泡，热水煮，最后得到了一丝丝长短不一的木材纤维。为了证实自己的观点无误，他又找来了各种植物，包括常用的造纸原料——棉花、亚麻在内，做了大量的试验。虽然他费了好大的劲儿，刀切斧砍锤子砸，分离出了一些纤维和粗大片，可是由于加工设备不行，终究也没有弄出结果来，只好半途收场。

1844年，德国的机械设计师凯勒早就听说马蜂咬树有可能造纸的故事。他也四处觅找希费尔的研究报告。凯勒坚信，不用化学方法采用机械处理也可以从木材中把纤维分离出来。有一次，他随手捡了一块表面凸凹不平的石头，来回摩擦木块，这下子居然得到了一丝丝的纤维，顿时使他兴奋极了。凯勒连夜绘出了一张能够沿轴心不停转动的石器，又几经修改，进而发展成为一种被称为磨石与活动连杆结合的机器。接着，他请人加工制作，不久一架最早的磨木机由此诞生。由磨木机生产出来的纸浆叫做磨木浆。这种纸浆的性能松软，只需稍加筛选、洗涤、浓缩之后，即可送往抄纸车间供生产之用。

由于磨木机磨出的磨木浆，生产量大，速度又快，而且木头的价钱比亚麻便宜得多。造纸厂的老板说：磨木浆的成本低，制成的纸吸油墨性好，拿来印报纸是很合适的。因此，许多报社纷纷订货。后来人们就把用磨木浆生产的纸称为新闻纸。

新闻纸内因含有某些非纤维成分（如木素）使其耐久性能较差。一般用磨木浆抄的新闻纸的寿命大约是50～80年。特别是经不起日光照射，很容易发黄变脆。近年来，有的新闻纸改用废纸为原料，而且也由单一的品种发展成为多品种了，比如有胶印新闻纸、微涂新闻纸等。其性质也相应有了变化。

不过，从受马蜂窝的启示直到搞出了实用型的磨木机，前后大约花了130多年的时光。可见完善一件发明使之变成生产力，需要多少人的接力方能实现呀。

新闻纸的制造方法

新闻纸主要用于轮转印刷和平版印刷各种报纸和一部分期刊的印刷用纸。

新闻纸应具有良好的适印性、油墨吸收性和较高的不透明度以及足够的抗张强度、撕裂度与适宜的白度和平滑度，以适应和满足现代高速轮转印刷机的要求。新闻纸的表面与内在质量在印报过程中，不论文字或图像均要保证不漏线、不漏点、清晰美观，更不允许透印到背面或出现重影、字迹模糊或图像不清现象出现。

新闻纸已由过去的单一品种向多品种、轻量化方向发展。这些新品种包括：低定量新闻纸（ $45g/m^2$ 、 $49g/m^2$ ）、低定量胶印新闻纸（ $45g/m^2$ 、 $49g/m^2$ ）、超低定量新闻纸（ $40g/m^2$ 、 $42g/m^2$ 、 $43g/m^2$ ）、彩色胶印新闻纸和有色新闻纸。对于每个新品种都有更高的质量要求。

一、生产原料的选择

新闻纸是由1~3种纸浆按比例配成的浆料抄造而成。主要以机械木浆和脱墨报纸、书刊、画报等再生浆、非木材纤维原料制成的甘蔗渣浆和漂白稻麦草浆等原料为主。近年来，各种木片磨木浆（普通盘磨机械浆、预热盘磨机械浆、化学机械浆、化学预热机械浆、磺化化学机械浆）发展较快，其纤维含量及物理强度指标都比传统的磨石磨木浆高，提高了成纸强度，应用越来越广泛，如采用以热磨机械浆为基础再配入非木材纤维原料制成的甘蔗渣浆和漂白稻麦草浆（配入50%左右），也能抄造出较好的新闻纸。机械木浆可提高新闻纸的印刷性能，如吸收性、松厚度、可压缩性、不透明度和匀度等，但机械浆的强度较低，尤其是磨木浆，为了提高新闻纸的强度，可适当配入化学浆。

对于低定量新闻纸，随着定量下降，不透明度也随之下降，因此不透明度是提高质量的关键问题。在抄纸时尽量增加细小纤维的留着，提高纸的匀度；适当添加光散射系数较高的填料，但不能过多（低定量胶印新闻纸不超过1~2%），否则会增加潜在掉毛掉粉；此外配用部分化学预热机械浆也可提高纸的不透明度。

为了赋予新闻纸一些必要的性质或改善纸页原有性质，可在浆中加入适当的辅料，如加入硫酸铝调节上网纸料的pH值；加入填料，不但可降低吨纸耗浆，而且能改善纸的光学性能；在浆中加入蓝色或紫色染料可抵消机械浆的黄色调；在磨木浆生产的传统新闻纸中加入荧光增白剂，可提高纸张的视觉白度；选取聚氧乙烯和酚醛树脂共用，可提高细小纤维和填料的留着率，浆料中加入0.02~0.03%的淀粉与丙烯酰胺接枝共聚物，可降低网下白水浓度，起到对细小纤维和填料的助留作用；也可采用0.4~0.5%的丙烯酰胺–醋酸乙烯酯，在长网纸机的伏辊上喷淋0.5%浓度的溶液，提高新闻纸的裂断长；加入聚丙烯酰胺阴离子和阳离子混合使用或单独使用季铵性阳离子淀粉，既可提高填料留着率，同时还有助滤和增强作用。

二、合理的打浆工艺

在配浆之前有些纸浆不需要再打浆，即能适应抄纸的工艺条件，如各种机械浆纤维已有部分帚化，打浆度、裂断长等指标已能满足新闻纸的配浆要求，另外废纸脱墨浆也不需打浆。

通常以针叶木和阔叶木半漂或全漂化学浆配抄新闻纸，主要作用是增加纸页的湿强度和干强度，在杨木传统磨石磨木浆配比较高的条件下，尤其如此。另外还起到机械浆短纤维的垫层作用，尽量减少磨木浆短纤维在网部的流失，因此化学木浆的打浆是非常必要的，我国多数新闻纸厂使用几台直径450mm双盘磨串联打浆，保证在长纤维切断少的同时部分纤维有分丝帚化作用。有些工厂为游离状打浆，采用钢质A型齿磨片，有些工厂为达到纤维少量分丝、大部分游离的打浆效果，可采用B型齿。对于各种非木材纤维浆料，为了有较好的纤维形态及滤水性能，适于轻刀疏解，打浆度掌握在20°~30° SR为宜。

三、提高纸张质量的措施

1.裂断长

裂断长主要由浆料性质决定，其次取决于成纸的纤维结合强度。提高裂断长的主要技术措施如下。

（1）合理控制浆料配比

①适当提高化学木浆的比例及其打浆度。

②以盘磨机械浆取代部分磨木浆，能大幅度提高成纸强度，同一原料各种机械浆裂断长强度顺序如下：磺化化学机械浆＞化学预热机械浆＞预热盘磨机械浆＞盘磨机械浆＞磨石磨木浆。

③使用陶瓷磨石，实行粗渣再磨或磺化粗渣再磨，增加磨木浆中长纤维组分的含量。

④适当提高磨木浆的打浆度，减少浆中的粗大纤维束。

⑤少加填料或不加填料。

（2）控制好纸机抄造工艺

①改善纤维在网上的成型条件，提高纸页的匀度，浆流喷射角不能过大，减少竖向纤维的分布，使纵向纤维的排列增多，以提高纵向裂断长。

②在保证湿纸页不压溃的情况下，可采用高线压或采用复合压榨，尽量避免毛毯污染，定期清洗毛毯；控制好各部速率差，尽量减小纸页受到的拉伸力，通常网部与一压的速率差不能超过2.0～2.5%，尤其是终压与干燥部的速率差不允许大于1.0～1.5%。

③纸页含水量按上限控制，以接近9～10%的含水量最佳。

④适当添加干纸增强剂。

2.平滑度和两面差

该指标是纸的印刷适印性能的一项重要指标，改进的主要措施如下。

①加强机械浆的筛选净化，增大排渣量，减少大纤维束和小碎料片的含量。

②应改善网部纤维交织状况，提高细小纤维和填料的保留率；消除案辊跳浆及其产生的泡沫点；保持高速纸机的脉冲衰减器的正常操作压力，避免

在网上呈鱼鳞状成型。

③保持压榨毛毯的清洁，适当提高线压，采用复合压榨比普通压榨纸页的平滑度高，两面差小。

④干燥部不可强干燥，控制纸页含水量在标准上限；张紧干毯，尤其是上干毯，可提高纸页反面的平滑度，减小两面差。

⑤控制好纸页进压光机的含水量，可采用蒸汽喷管或增湿装置；压光机底辊中高要适宜，也可采用可控中高辊或双软辊压光机，平滑度比普通压光机提高很多。

3.不透明度

不透明度主要取决于浆料种类、填料与纸页的成型结构。其改进措施如下。

①控制好浆料配比。磨木浆及盘磨机械浆中木素含量高，光散射系数大，不透明度高，而过高的化学浆含量，会降低纸页的不透明度。

②提高细小纤维和填料的含量，可改善纸页的不透明度。对低定量的新闻纸可适当加填，但用量不能过多，否则会增加潜在掉毛掉粉。

③改进纸页在网上的成型，使纤维在网上分布均匀、致密、无针孔，不透明度高。

4.掉毛掉粉

掉毛掉粉造成印刷糊版，严重影响印刷效果。掉毛掉粉程度除了与印刷速率及油墨性质等因素有关外，主要与纸页表面强度及填料量有关。处理措施如下。

①增加机械浆长纤维组分含量。必须提高浆中的长纤维含量，60目以上的在36%以上；全针叶木原料生产新闻纸，掉毛少；松木与杨木配比生产机械浆，松木配比多掉毛少；机械浆的筛选净化效率高，潜在掉毛减少。

②改善纸页成型条件。纸的匀度好平滑度高，掉毛少；上网pH值一般控制在5.8～6.6，因为加矾量少，浆料中铝离子浓度下降，细粒度的滑石粉在纤维上沉淀凝聚少，仅浮在表面上，减弱表面结合强度。

若使用相同浆料，夹网纸机生产新闻纸，比普通长网纸机掉毛少得多，且两面差小。

③增加压榨辊线压。线压高纸的紧度大，可以提高表面强度；采用复合压榨，从纸的两面除掉结合力差的小纤维碎片，避免潜在的掉毛。

④压光机改用弧形辊与可控中高辊。纸页与伸展杆摩擦而起毛，压光后易掉毛，以弧形辊代替伸展辊减轻因摩擦掉毛；压光机采用可控中高辊，平滑度及表面强度增加。

⑤减少填料用量。传统新闻纸，加填量最好不超过4%，掉粉量减少；胶印新闻纸不加填料。

⑥提高成纸含水量。含水量低表面细小纤维塑性小，脆性大，易掉毛掉粉；并且经过压光后带静电多，复卷时吸附大量粉尘，印刷糊版。因此成纸含水量控制在标准上限为好。

⑦添加剂。在浆中添加聚丙烯酰胺和阳离子淀粉防止掉毛。

胶印书刊纸简介

胶印书刊纸适用于单色和双色胶版印刷书籍、文献、杂志用纸。其主要技术要求如下。

1. 较小的伸缩变形。否则多次套色印刷由于纸张伸缩变形大不准确，印品画面模糊、轮廓不清晰。

2. 表面强度要好，防止糊版和影响印品质量。

3. 适当的施胶度和吸墨性能。

4. 纸张应平整，纤维组织应均匀，色泽应一致，每批纸张均不允许有显著差异。

5. 纸面不应有影响印刷使用的外观纸病。

另外，胶印书刊纸还对纸页白度、尘埃等有一定的要求。

一、生产原料的选择

胶印书刊纸使用的纤维原料范围较广，主要有竹浆、稻麦草浆和苇浆等，并配入一定量的木浆。

胶印书刊纸添加填料可提高纸张吸墨性和不透明度，但过多的填料会导致纸张在印刷时掉毛掉粉现象增加。特别是轮转胶版印刷是一种高速印刷，更容易产生掉毛掉粉。生产中滑石粉粒度以选用通过325目筛为佳，白度90%以上，填料用量一般在10～25%。也可采用碳酸钙作为填料，可显著提高纸的不透明度、白度和油墨的吸收性，并使手感柔软平滑。但对于非中性抄纸，要控制好碳酸钙的加入量，以防在抄纸时产生大量泡沫。

胶印书刊纸多采用白色松香胶和分散松香胶作为施胶剂，一部分厂采用强化松香胶和中性施胶剂。可选用阳离子型淀粉、阴离子淀粉和聚丙烯酰胺等作为增强、助留剂。

二、合理的打浆工艺

胶印书刊纸的打浆方式一般以采取半游离状打浆为宜。

从成纸要求来看，因为要求纸页伸缩变形性小、匀度好，所以打浆时，对于长纤维浆料应进行适当的切断，成浆打浆度不宜过高，一般在30°～40° SR之间。为了保证成纸的物理强度，对纤维也应有一定的细纤维化，以增加纸页结合强度。对于草浆可轻度打浆。具体实例如下。

1. 用30%的漂白针叶木浆和70%的漂白阔叶木浆生产定量为

△ 胶印书刊纸

$52g/m^2$的胶印书刊纸，打浆浓度为3.5～4.0%，成浆打浆度29°～32° SR，纤维平均长度1.0～1.1mm。

2. 用85%的麦草浆和15%的木浆生产胶印书刊纸，成浆打浆度控制在33°～35° SR。辅料配比：施胶用量0.8～1.0%，硫酸6～7%，滑石粉20%，增白剂0.1%。

3. 用70%的芒秆浆和30%的木浆生产胶印书刊纸时，网前箱的打浆度为55°～58° SR，辅料配比：施胶用量1%，硫酸铝6%，滑石粉20%，变性淀粉1～2%。

4. 用80%的蔗渣浆和20%的针叶木浆分别打浆，生产胶印书刊纸。蔗渣浆采用直径450mm盘磨机2台串联打浆，打浆浓度3.0～3.5%，打浆度控制在33°～36° SR。打浆时应尽量保持蔗渣浆的纤维长度，打浆时间尽量短些，以避免纤维过多的分丝帚化和水化。木浆打浆度在30°～32° SR，采用重刀快打，以切断为主，为了保证成纸伸缩变形尽量小，木浆应尽量减少储存。

三、减小纸张变形的措施

对胶印书刊纸来说，伸缩变形性是一个重要的质量指标。生产中可从纤维原料、打浆、加填、抄纸等方面来控制。

1. 采用草浆应尽量除去杂细胞，并适当配用一定比例的木浆、棉浆。

2. 控制打浆程度及打浆方式，游离打浆抄出的纸比黏状打浆的变形小，打浆度低的比打浆度高的变形小。

3. 适当添加填料及胶料会减小纸的变形。

4. 抄纸过程中，湿纸页的张力不要过大，要尽量放松，以能引过纸页为宜。加强湿部脱水，合理使用纸机压榨，控制纸页紧度。干燥部避免高温急干燥。

5. 严格控制损纸浆的搭配量，以对原浆的15%较好。因为损纸经反复的疏解打浆，打浆度一般提高了10° SR左右，湿重降低了1～2g，如加得过多，不仅影响网部脱水，而且纸页伸缩变形增大。同时因其纤维短、强度低，抄纸时易粘辊断头。

胶版印刷纸简介

胶版印刷纸供多色胶版印刷书刊、封面、插图、图片等用。胶版印刷纸需要进行多次套色，其主要技术要求为：

一、生产原料的选择

胶版印刷纸可分为A、B、C三个等级。国外胶版纸多以针叶木配阔叶木浆生产。我国木材资源紧缺，应根据各厂具体情况决定浆料配比。多配木浆对提高纸张表面强度有益。配用草浆时，必须加强筛选净化，减少杂细胞对纸张质量的影响。A、B等双胶纸宜采用化学木浆、棉浆、麻浆，并配入不多于20%的漂白草浆。若草浆净化较好，工艺条件控制适当，B等双胶纸草浆的配入量可提高（最大不超过60%）。此外，配入一定比例的阔叶木浆可提高纸张表面的细腻程度、纸的匀度，减小纸的伸缩变形。

纤维原料配比应根据双胶纸的用途和要求来决定。生产中常见的纤维配比有：针叶木浆20%，龙须草浆30%，竹浆50%；针叶木浆25%，阔叶木浆20%，麦草浆55%；针叶木浆40%，巴西桉木浆40%，麦草浆20%；针叶木浆25%，国产BK浆20%，麦草浆55%；针叶木浆40%，麦草浆60%；木浆30%，苇浆70%；木浆50%，棉浆50%；针叶木浆50%，阔叶木浆50%。

双胶纸多采用滑石粉作为填料，添加量在20～30%。胶料常选强化松香胶和分散松香胶。另外需进行表面施胶。表面施胶剂可采用氧化淀粉、聚乙烯醇、动物胶等，生产中多采用淀粉与其他混用。

二、打浆工艺的控制

一般双胶纸强度指标较易达到要求，因此在伸缩变形指标允许的条件下，可将纤维适当切短些，以提高表面细腻程度。

采用棉浆、木浆配合生产A等双胶纸时，打浆时应分开。棉浆先用荷兰式打浆机打半浆，再用圆柱精浆机或盘磨机串联打浆。

木浆经水力碎浆机碎解后，采用大锥度精浆机、双盘磨串联打浆，控制浆料打浆度为40°～44°SR，平均纤维长1.0～1.1mm，打浆浓度在4.0～4.5%。

采用木浆、草浆配合生产B等双胶纸时，要求草浆蒸煮硬度（K值）控制在14～16。硬度过低纸张变形大；硬度过高，纸张表面粗糙且强度低，并要加强洗涤、筛选。草浆打浆浓度控制在3.0～3.5%，以轻刀疏解为主，打浆度应适当低些，以采用盘磨机较为理想。木浆一般用商品木浆，打浆浓度控制在3.4～4.5%，可采用大锥度精浆机和盘磨机串联打浆。成浆纤维长度根据配比不同略有不同。草浆配比少时，木浆纤维可适当短些。一般控制范围为：针叶木浆1.5～1.7mm，阔叶木浆0.8～1.0mm，蔗浆1.0～1.1mm，生产中应根据配比适当调整。

三、提高纸张质量的措施

提高双胶纸质量的关键是提高纸张的表面强度，改善纸面细腻程度和最大限度地减少伸缩变形。具体分述如下。

1.正确配用纤维原料

生产中多配木浆对提高纸张表面强度、减少伸缩变形和改善印刷适性都有益处。草浆由于杂细胞多、纤维细小、半纤维素含量高，因此，配用草浆有利于提高纸张表面强度和控制纸张伸缩变形。配用时，必须加强筛选净化，另外亚硫酸盐草浆表皮细胞不仅给纸张造成淡黄点外观纸病，而且还是造成纸张掉毛的主要原因之一。为了减少纸张伸缩变形，应选α－纤维素含量高、半纤维素含量低的纤维原料。因为半纤维素含量高，易于吸水润胀，结果使纸页伸缩变形增大。针叶木最好选易处理的亚硫酸盐法针叶木浆，同时也要搭配能提高纸张表面细腻程度的阔叶木。生产中若纸张伸缩变形过大，且不易控制时，可适当多配入一些棉浆和阔叶木浆。

2.提高纸张印刷适件

加入填料可以改善印刷适性，有利于控制纸页伸缩变形，并可降低生产成本。部颁标准A等双胶纸灰分大于8%，生产中多控制在10～20%。实践表明，纸页灰分最好不超过36%，否则表面强度过低，印刷时会出现掉毛掉粉问题。填料应具有颗粒均匀细腻、白度高、杂质少等特点，可选用不低于325目的滑石粉。

增加填料加入量不仅可以降低生产成本，而且可以提高纸张的不透明度，但纸张中的填料含量大幅度提高，必然会引起纸张强度指标的严重下降。为了达到提高填料留着率和提高纸张强度的统一，可采用以下措施：调整打浆工艺，提高纸的强度和保留率；浆内施加增强剂、抗水剂和助留剂等，增强纸的强度和填料留着率，并使其具有较好的抗水性；采用白水单机全封闭循环，减少填料、细小纤维、助剂和其他化工材料的流失；选择新型表面施胶剂，并重点研究表面施胶工艺，提高纸的表面强度；使用防腐剂、消泡剂。

3.提高纸张的表面强度

为了提高纸张的表面强度，必须重视表面施胶。目前使用较多的是聚乙烯醇和氧化淀粉，尤其是淀粉发展很快。两种胶料配比根据纸张要求控制聚乙烯醇与氧化淀粉的比例为1∶（1～2.4），施胶浓度2%～3%，施胶温度60℃～70℃。羧甲基纤维素使用浓度一般为0.5%，挂胶量0.1%，使用浓度不宜过大，否则羧甲基纤维素黏性过大而使生产操作产生困难。羧甲基纤维素单独作表面施胶剂使用，对提高纸张的印刷适性效果不明显，现在已经很少使用。壳聚糖是一种新开发的表面施胶剂，可提高纸张的主要物理指标并改善印刷适性和染色鲜艳性。

为使胶料充分渗透，必须避免表面施胶后立即强干燥，破坏胶膜。施胶后纸页进入第1个烘缸的温度不应超过90℃。如干燥能力允许，第1个烘缸的温度可控制在60℃～70℃为宜。也可在表面施胶后采用红外线、微波或气浮热风干燥等缓和干燥装置，以保护纸页表面的施胶层，防止纸面产生影响印刷质量的斑点。

不论使用何种胶料，凡是经过表面施胶的纸张，对纸张的平整度和减小伸缩变形均有好处。

书写纸简介

书写纸是印刷各种账页、笔记本、练习簿等，供人们用钢笔、铅笔、圆珠笔等硬笔进行书写、绘画、描印等方面的用纸。

书写纸要求纸张的纤维组织均匀，具有一定的平滑度，色泽洁白一致。纸页的施胶度适宜，防止墨水扩散而影响美观或无法书写。施胶度不能过高，否则不仅浪费施胶剂，而且也导致墨水干燥速率减慢，易造成字迹脏污，施胶度一般控制在0.75mm以上。

一、生产原料的选择

生产书写纸对纤维原料的要求不高，大部分纤维原料特别是草类原料都可以生产书写纸。国内生产书写纸主要采用的纤维原料有：麦草、竹材、龙须草、稻草、芦苇、蔗渣、阔叶木浆和进口亚硫酸盐针叶木浆等。生产出口书写纸可以以草类原料为主掺用部分漂白木浆。生产中档与普通的书写纸可只配少许漂白木浆，以优质漂白草浆为主。有些工厂也采用100%的漂白草浆、100%漂白硫酸盐竹浆和龙须草生产书写纸。

二、合理的打浆工艺

书写纸的打浆多采用中等程度的半游离、半黏状的打浆。用100%的草浆生产书写纸，采用1台双盘磨，打浆电流85A，打浆浓度3.1%，打浆度38°SR，湿重3.0g，纤维平均长度1.263mm，白度85%。辅料用量（对浆量）：松香1.2%，硫酸铝7%，增白剂0.06%。

用50%的麦草浆和50%的竹浆生产书写纸，在直径450mm盘磨机中打浆。竹浆用4台直径450mm盘磨机串联打浆。打浆浓度4.0～4.5%，打浆电流以调节成浆打浆度合格为准，打浆度43°～47°SR，湿重3.5～4.5g，纤维平均长度0.82～0.86mm。草浆用单台直径450mm盘磨机打浆，打浆浓度3.0～3.5%，打浆电流85A。打浆度40°～44°SR，湿重2.5～3.59，纤维平均长度0.81～0.85mm；辅料配比：松香1%，硫酸铝4%，滑石粉16%，湖蓝0.0002%，增白剂0.08%。

用60%的龙须草和40%的木浆生产A等书写纸，漂白亚硫酸盐木浆打浆浓度5.0%，50～60g/m²的书写纸打浆度42°～46°SR，湿重6～8g；70～80g/m²的书写纸，打浆度38°～42°SR，湿重7～9g。辅料配比：松香胶1.8～2.0%，硫酸铝5.3～5.7%，滑石粉16～18%，增白剂0.085%。

三、提高纸张质量的措施

平滑度是书写纸的一项重要指标，生产中可从浆料、加填、压榨、压光等工序的合理设置和操作来保证达到要求。压榨最好其中一道为反压榨，提高纸页反面的平滑度，减少两面差；压光机使用中应避免压光辊的变形，否则所加压力不均匀，影响纸页的平滑度。另外压光辊加吹风管降温，调整辊面各部位温度，以保证纸的厚度和平滑度均匀一致；合理使用冷缸，通过调整冷缸进水量，使冷缸温度保持在40℃，适当提高纸页出冷缸的水分，能显著提高纸页的平滑度。

书写纸对施胶度的要求较高，而生产中影响因素又较多，所以提高书写纸的施胶度就显得十分重要。我国造纸厂多采用白色松香胶作为施胶剂，部分采用强化松香胶、分散松香胶和合成施胶剂。

采用白色松香胶时，夏季施胶效果差，需增加用量，可改为分散松香胶，其施胶均匀，施胶度和强度增强，且可降低松香和硫酸铝用量，pH值近中性施胶，能配用碳酸钙填料，纸的白度和强度均得到提高。

此外，生产中还可采用化学助剂来提高书写纸的强度，改善表面性能。例如加PN-01两性淀粉或阳离子聚丙烯酰胺，除了能提高纸张的物理强度外，还能改善填料和细小纤维的留着率，并提高滤水能力。

打字纸简介

打字纸是一种供打字、复写、信笺等办公用纸张。打字纸分为A、B、C三级。

打字纸要求厚薄一致，洁白细腻，纸薄而有韧性，要求纸张的纤维组织应均匀，纸页强度大，裂断长大，有一定施胶度（0.25mm，生产中多控制在0.3mm）。打字纸可生产粉色、浅绿、鹅黄、浅蓝等各色打字纸，要求色泽鲜艳一致，其质量指标与白打字纸一样，色打字纸可用来印制多联发票、信笺、票证或传单等。

一、生产原料的选择

生产打字纸多采用漂白麦草浆、竹浆、芒秆浆，也可配入一定比例的稻草浆、蔗渣浆。生产高级打字纸时除了优质漂白草浆外，还应配入较多的漂白木浆。

打字纸是一种要求轻施胶的纸张，在生产过程中需要加入胶料、硫酸铝，可采用普通松香胶或石蜡松香胶、分散松香胶，以石蜡胶和分散松香胶为好。为提高纸的不透明度、白度及匀度，可添加10%～20%的滑石粉。

二、合理的打浆工艺

打字纸的打浆应采用中等黏状长纤维打浆方式，在打浆过程中要使纤维具有较好的吸水润胀、弯曲，适当帚化，纤维长度控制在1.1～1.3mm，

△ 打字纸

打浆度70°～82° SR。具体工艺为：漂白草类浆打浆浓度4.9%～4.5%，打浆度80°～87° SR，湿重4～5g；漂白木浆打浆度83°～86° SR，湿重5～6g。辅料配比：石蜡松香胶0.8%～1.2%，硫酸铝3%～4%，滑石粉15%～20%，增白剂0.175%。

三、提高纸张质量的措施

可以从以下几个方面采取措施来提高和稳定打字纸的质量。

1. 正确选用原料

打字纸是一种薄型纸，其强度要求比较高，故要求原料的纤维平均长度不宜太短。因此一般厂家在生产打字纸时常选用麦草浆、竹浆、芒秆浆。而蔗渣浆、稻草浆、芦苇浆纤维短，杂细胞含量多，成纸透明度大，纸张脆性大，选用时应注意其用量，用量过多会造成网部断头增多，生产不正常。

2. 控制浆料打浆条件

浆料打浆是打字纸强度很关键的一环。打字纸浆料的打浆一般是采用几台盘磨机或圆柱精浆机串联打浆。打浆时，尽量提高打浆浓度，有利于纤维的吸水润胀和分丝帚化。在打浆操作时，前几台打浆机以疏解纤维为主，后几台打浆机可逐步加重打浆比压，避免纤维被切断。

3. 提高匀度

打字纸是一种薄型纸，纸页纤维组织应均匀。纸张匀度好坏对纸张的各项物理指标均有显著影响。纸张匀度和浆料的种类、性能密切相关。选用长纤维浆种，在打浆时要适当切短，纤维的均整度也很重要，长度为1.1～1.3mm的纤维要达到50～60%，纤维短虽有利于改善纸页匀度，但纸页强度差。一般认为，浆料的聚戊糖含量为20～25%时，对于改善纸页匀度和提高纸页强度十分有利。

在纸机抄造过程中，纸页的成型条件与纸页匀度密切相关。具体来说，一是要控制上网浓度，长网纸机抄造打字纸，上网浓度宜控制在0.35～0.45%，圆网纸机为0.3～0.4%；二是要控制浆速与网速，控制浆速略低于网速（一般浆网速比为0.8～0.85）；三是要控制好网案的振幅与振次，一般情况下振次160～180次/min，振幅7～8mm；四是要尽可能多地回用白水，有利于减少细小纤维和填料的流失，有利于改善纸页匀度。

有光纸简介

有光纸是一种单面光纸，供一般书写办公、宣传标语等用。有光纸分为特号、一号、二号三个等级。

有光纸要求纸张的纤维组织均匀，厚薄一致，纸面平整，并且进行轻施胶。

一、生产原料的选择

有光纸是一种很普通的纸张，适用的纤维原料很多。使用最普遍的是麦草、稻草、芦苇、芒秆和蔗渣。在这五种原料里最好的是麦草和芒秆。用这两种原料可以抄造出高白度、低定量的特号有光纸。其他几种含有较多的杂细胞，在制浆过程中又不能除去太多，以免降低得率。但使用稻草、芦苇、蔗渣也能抄造出质量合格的有光纸。

生产有光纸一般以滑石粉作填料，可提高纸的白度，改善纸张的匀度和平整度，降低成本。其用量一般为15～20%。

有光纸是一种用于书写的纸张，其施胶度应不小于0.25mm。可采用普通松香胶或石蜡松香胶或分散松香胶。为了提高白度应选用增白效果好的增白剂。

二、合理的打浆工艺

浆料的打浆对有光纸的强度影响很大。生产有光纸一般都采用草浆。而草浆纤维长度短、杂细胞多，要提高有光纸的强度，一方面应加强对草浆的筛选和漂后浆料的洗涤，除去杂细胞；另一方面要尽可能加强打浆，打浆时尽可能提高打浆浓度，有利于纤维润胀发生塑性变化，保持纤维长度；同时打浆度不能过低，生产中打浆度控制在70° SR左右，湿重2.5～3.5g。

静电复印纸简介

静电复印纸是现代办公自动化用量最大、使用简便、价格适宜的纸种之一。静电复印技术按复印用纸分为：

①直接复印法（涂层法）——需特种感光复印纸；

②间接复印法（转印法）——需普通复印纸。

特种感光复印纸应具有良好的涂布和感光性能；普通复印纸定量为 $60 \sim 80 g/m^2$，个别机型要求复印纸的厚度范围，定量在 $41 \sim 157 g/m^2$。纸的表面平滑、细腻、洁白，纸页紧密，水分较低，挺度良好的双面光纸。

①纸的厚度。静电复印纸的厚度应适宜，纸厚静电引力下降，纸薄电荷穿透，都严重影响复印质量。

②纸的密度。是指其紧密的程度，用g/cm3表示。要求纸的纤维粗细组织交织，使纸的表面平整光滑，不能粗糙不平而使复印的图像不清晰，呈现斑点、白点颜色浅淡影响复印效果。静电复印纸的紧度应在0.75g/cm3以上。

③纸的表面性能。静电复印纸的表面应有较好的白度和亮度，不能呈灰白色。光亮程度不可过亮，以免在复印中对图像定影不利。静电复印纸的白度应在85%以上。

④纸面洁净。静电复印纸中产生掉毛掉粉或纸屑，易弄脏复印机，造成复印后纸面有灰底。

⑤纸的含水量。静电复印纸的含水量大小很重要，含水量大，会降低绝缘性能，电阻下降，使静电荷透过纸张与墨粉所带的负电中和或跑到感光鼓上，而影响纸张墨粉的吸引力，使墨粉黑度下降。静电复印纸的含水量应在4～6%的范围内，并保持均衡一致，要特别注意防潮。

⑥纸的电性能。静电复印纸要有一定的抗电性能。电压低时，纸张背面

电荷形成的静电引力不够，不能充分吸引墨粉而影响转印；纸页静电荷电压高，超过6000～8000V时，会使静电荷透过纸张与墨粉所带负电中和或减弱感光鼓的静电引力，而影响复印质量和效果。

一、生产原料的选择

国外生产的静电复印纸都以漂白木浆为主。国内生产的静电复印纸则按高级、中级和普通纸来选择原料的品质和配比。在保证静电复印纸质量的条件下，尽可能选用质优价廉的漂白草类浆或漂白阔叶木浆或少量的棉浆。优质草浆最好选用混合的稻麦草浆或苇浆，有2～3种草类纤维原料的浆种更适合。

通常高级静电复印纸应以漂白木浆为主。其中针叶木浆不少于25～30%，阔叶木浆保持在50～60%之间，可适当配用少量棉浆或优质草浆。

生产中级静电复印纸可选用相当数量的漂白木浆，即针叶木浆占15～20%，阔叶木浆占30～40%，再配以适量的漂白优质草浆40～55%。

生产普通静电复印纸则以优质漂白草浆为主约占60～70%，辅以适量的漂白木浆和非木材长纤维浆，针叶木浆保持在15～20%，阔叶木浆配用10～15%为宜。

辅料的选择：施胶选用分散松香胶或中性施胶剂；填料可采用滑石粉（用量10%～15%）和超细重质碳酸钙（用量20%～25%）或沉淀碳酸钙；表面施胶剂采用聚乙烯醇、木薯淀粉，两者的比例为（2～3）∶1，表面施胶温度50～60℃，浓度2.5～3.0%或3.0～4.0%，挂胶量0.8～1.0g/m²；采用聚丙烯酰胺（用量0.015%～0.017%）和阳离子淀粉（用量1.15%～1.5%）作助留助滤剂。此外，加20%的挺硬剂（对淀粉）和10%的固膜剂。

二、合理的打浆工艺

1.漂白木浆的打浆

对于长纤维的漂白针叶木浆，选用中等或稍低的打浆浓度，采用薄型钢质打浆刀片，以轻刀疏解、重刀切断的方式进行打浆。成浆打浆度30°～32°SR，纤维平均长度1.4～1.5mm。

对于漂白阔叶木浆，由于其纤维大多属于粗、短的中长纤维，打浆应采用略高或中等的打浆浓度，选用较厚的打浆刀片，以轻刀疏解、缓慢逐渐加压落刀的方式打浆。尽量保持纤维长度，对纤维表面进行活化、分丝帚化的打浆处理。成浆打浆度在34°～36°SR之间。

2.优质漂白草浆的打浆

漂白草浆的纤维细而短，在生产静电复印纸的打浆时，为了保持纤维长度应选用石刀或工程塑料磨片，对草浆的纤维束进行轻刀疏解，在较高的浓度下打浆，成浆打浆度控制在30°～40°SR或44°～50°SR（优质漂白草浆），湿重1.8～2.49。

3.损纸或棉浆的处理与打浆

损纸可选用高浓、柔和的轻刀疏解方式，以高频疏解机进行碎解、打浆处理，损纸的打浆度应在40°SR左右。

棉浆的纤维细、长、强韧，因配比量少，单独打浆较为困难，可配在长纤维针叶木浆中用重刀切断、高浓打浆，提高打浆度有助于静电复印原纸的成纸性能和质量指标。

三、提高纸张质量的措施

1.提高静电复印纸的表面性能

静电复印纸的定量、厚度、紧度等表面力学性能的技术指标是静电复印纸质量的关键因素。定量波动可造成静电复印纸在复印移动中卷缩障碍，因此要严格控制定量误差。为了保证静电复印纸的物理强度和全幅质量性能的均一，应尽量提高静电复印纸的紧度，增加纸的紧密性能，提高复印质量和效果。提高静电复印纸表面力学性能的措施如下。

①控制上网浓度。静电复印纸的抄造应适当降低上网浓度，使纤维在网上逐渐地絮聚，形成组织均匀的纸页。上网浓度一般控制在0.5～0.7%，最大不超过0.8%。

②合理选择成型网。静电复印纸抄纸用成型网，应选较高目数的，可采用多层网，网面细致平滑，以减少纤维组分在网部形成两面差，而又不至于降低网部脱水能力。

③合理选用网部脱水元件。为减少网部案辊脱水的脉冲作用，避免湿纸页纤维组织受到破坏，可用案板取代前几只案辊，这样既能稳定和提高网部的滤水性能，又有利于车速的提高。

④增大压榨的线压。逐渐增加压榨线压力，可提高纤维之间的牢固结合，提高静电复印纸的紧密程度，增强纸的挺度和紧度。

2.提高静电复印纸的平滑度和挺度

静电复印纸的表面要有较好的平滑度和挺度，复印时才能使图像清晰，也可减少复印时的障碍，使驱纸、输送正常而自动排列。

①进行表面施胶，添加化学助剂。生产静电复印纸时加入氧化淀粉、木薯变性淀粉或阳离子改性淀粉与聚乙烯醇等配制而成的表面施胶剂，并选择加入挺硬剂和固膜剂等化学助剂，可较好地提高复印纸的平滑度和挺度等内在质量，使静电复印纸不掉毛、不掉粉，保证复印时的质量和效果。

②控制好压光。静电复印纸生产必须经过纸机压光，以保证和提高复印纸的紧度、平滑度和挺度。要求正反面的平滑度不低于40s，平滑度两面差不大于20%。同时应注意复印纸的平滑度不能过高，否则会引起增色剂扩散，导致复印时图像清晰度降低。

国外对复印纸的挺度要求，纵向5.2～5.8mN，横向2.4～3.0mN。我国专业标准尚未规定指标，各厂自行制定内控检测指标。

3.控制静电复印纸的水分

静电复印纸的成纸水分，不但影响纸张的定量及尺寸的稳定性，而且影响纸的物理强度。静电复印纸的体电阻与表面电阻也会因成纸含水量大小在定影时，使增色剂的溶解、吸附等受到影响。

国外的成纸含水量控制在（5±0.5）%以内，我国专业标准规定的成纸含水量为（5±1）%。

卷烟纸简介

卷烟纸是专供卷烟机械包裹烟丝制成卷烟的薄型包装材料，也是应具有保证和控制卷烟和烟丝的燃烧性能的特种工业技术用纸。

卷烟纸应与滤嘴棒成型纸、水松纸、铝箔纸、美术装潢涂料印刷纸以及玻璃纸等组成卷烟生产系列配套产品用纸。卷烟纸是卷烟生产的重要基本材料之一。

卷烟纸应有清晰的螺纹。纸张要求柔软细腻并有较高的强度和透气度。卷烟纸燃烧时不得有异味，燃烧要均匀，燃烧速率适宜。

一、生产原料的选择

卷烟纸的生产原料以麻与针叶木长纤维为主，并适量地配入漂白阔叶木浆或草浆等中、短纤维。100%漂白麻浆或100%漂白木浆（其中针叶木浆30～80%，阔叶木浆70～20%），用以生产A、B等高档卷烟纸；70～80%的麻浆和20～30%的漂白木浆，主要用于生产A、B、C等卷烟纸；30～35%的麻浆、30～50%的漂白木浆、15～40%的龙须草或麦草浆混合，可生产B、C、D等卷烟纸。

碳酸钙是卷烟纸的理想填料，可大大改善卷烟纸的脆性和手感，提高纸的均匀性、平滑度、不透明度，改善和提高卷烟纸的透气度，调节和控制卷烟纸与烟丝的燃烧速率，使之与燃烧相适应。

一般加入量为40～50%，加入量过大会影响卷烟纸的抗张强度和抄造。国外卷烟纸的灰分（以CaO计）含量为13.87～18.29%，国内卷烟纸的灰分（以CaO计）含量为12.36～17.15%。卷烟纸的助燃剂目前多用氯化钾，为适应卷烟包灰的要求，各卷烟生产厂多改用有机盐类作助燃剂，静燃速率38～45s，灰白、灰片大，卷烟包灰好，但卷烟纸白度略有下降。国外卷烟纸多用单磷酸盐、酒石酸盐和醋酸盐等为添加剂和助剂,特别是在混合型卷烟中越来越多地应用柠檬酸盐。

二、合理的打浆工艺

麻浆与针叶木浆打浆多采用长纤维黏状打浆,为了满足高透气度的要求,麻浆也采用半黏状打浆。阔叶木浆在打浆中,要使其柔软的外壁起毛,保留原料纤维长度。草类纤维打浆难以帚化,只能在尽量保持纤维长度的基础上,使纤维外壁起毛。通常漂白麻浆的打浆度为85°~90°SR,湿重4.0~4.5g;草浆的打浆度为50°~55°SR,湿重2.5~3.0g;漂白木浆的打浆度为78°~82°SR,湿重4.5~5.0g。国内卷烟纸纤维的平均长度为1.1~1.9mm,国外为1.1~1.51mm,应尽量保留中间长度的纤维,以提高纸页的匀度。

三、提高卷烟纸质量的措施

为了适应现代高速卷烟机的性能要求,卷烟纸必须在原料结构、匀度、灰分、透气度、抗张强度、伸长率以及分切盘纸质量等方面提高和改善卷烟纸的质量,以满足卷烟工业所需的高强度、高透气度的卷烟纸的质量要求。

1.改善匀度

卷烟纸的匀度尤为重要,匀度不好,卷烟纸的定量不均一,透气度、抗张强度忽高忽低,分切易断头。

改善匀度的主要措施如下。

(1)加强打浆,提高成浆的纤维长度的均一性能

卷烟纸的纤维长度的平均频率,对纸的匀度关系十分重要。国外的卷烟纸由于尽量多地保留中间长度的纤维,其纤维长度频率分布合理,也比较集中一致,卷烟纸的匀度好。国内的卷烟纸应重点降低浆料中长纤维的长度频率,提高短纤维的长度频率。适当提高浆料的打浆度和上网滤水性能,改善成纸的纤维组织,以提高匀度。

(2)选择合理的抄造工艺

①控制好卷烟纸的上网浓度,高的浆料浓度,影响匀度。

②控制好流浆箱的水位高度,扰乱和破坏纸页的成型;水位低,一般在0.7%~0.75%,过水位过高,浆流会冲击、滚动、喷浆不稳,上网湿纸页时断

时续，纤维组织不好，均会影响纸页的匀度。较适宜的水位，在观察上网浆流时，不发生向前或向后窜动的现象，浆速网速比适宜，浆速稍大于网速，纸的匀度较好。

③用好饰面辊。为使卷烟纸有清晰水印都曾配有水印辊，随着纸机车速的提高，再用水印辊印制螺纹有困难。为了减小纸页两面的平滑度差和提高纸页匀度，现在多在网部安装带有传动的布纹饰面辊修饰纸面。网笼速率稍高于网速，线速度与网速差1~2m/min，饰面辊直径随着车速的提高而增大。

④控制好湿纸的伸长率。湿纸的伸长率以11%为宜，这样可有效防止湿纸页的横向拉开造成一薄一厚的薄道或裂痕。

2.提高透气度

透气度是卷烟纸的关键性能之一。卷烟纸的质量标准中透气度可分为低、中、高透气度，其目的是便于设计卷烟的燃烧速率、助燃剂加入量和焦油含量。卷烟纸的透气度是关系卷烟安全的重要因素，是降低焦油含量的主要途径之一。

只有提高卷烟纸的自然透气度，而不是采用电火花、激光和机械等现代科技手段进行打孔处理来提高透气度，才能提高卷烟纸的静燃速率，减少烟支口吸的次数，降低烟气中的焦油含量。具体措施如下。

①选用优质麻类纤维原料。

②应选用能使麻纤维分丝帚化好，能适当切断纤维的半黏状打浆方法生产高透气度的卷烟纸。

③提高填料的留着率，可有效提高卷烟纸的透气度。一般认为卷烟纸的灰分在14%或14%以上为好。全麻高透气度卷烟纸的灰分可达15%~18%，较普通卷烟纸灰分高2~4%。

④选择和控制好抄造过程的工艺条件。适当地降低上网浓度，有利于减少纤维的絮聚，改善纸页的匀度和透气度。适当提高堰池水位，控制浆速略高于网速，增加横向纤维排列比例，使纸页的纤维组织形成松散均匀的多孔结构，有利于卷烟纸透气度的提高。适当提高上网浆料温度，可增加滤水性，有利于网上脱水，快速成型，提高卷烟纸透气度。

箱纸板简介

根据包装的要求，箱纸板主要适用于制造瓦楞纸板。箱纸板按质量要求及用途分五个等级：A、B、C、D、E，其中A、B、C为挂面纸板。A等主要用于制作精细、贵重和冷藏物品包装用的出口瓦楞纸板。例如，彩电、电冰箱等物品的包装。B等主要用于制作出口物品包装用的瓦楞纸板。例如，工艺品、纺织品等物品的包装。C等主要用于制作较大型物品包装用的瓦楞纸板。例如，内销电冰箱、彩电、洗衣机等。D等用于制作一般物品包装用的瓦楞纸板。例如，洗衣粉、毛巾等物品的包装。E等用于制作轻载瓦楞纸板。箱纸板要求质地坚韧，机械强度（耐破度、耐折度、撕裂度）好，表面平整，不起泡，不起皱。

一、生产原料的选择

根据箱纸板的质量指标，对于不同等级的箱纸板可选择不同的原料及配比来满足质量要求。生产箱纸板所用的主要原料如下。

1. 挂面木浆。目前常用的为本色硫酸盐法针叶木浆，要求其纤维强度高，平均长度长，均一性好，以提高箱纸板的强度。

2. 麦草浆。用于抄造箱纸板的麦草浆，一般采用半化学法制浆，既可满足抄造箱纸板的要求，又可提高蒸煮纸浆得率，达到降低成本的目的。

3. 废纸浆。采用废纸浆（主要是废旧瓦楞纸板），一方面可降低成本；另一方面可减少对环境的污染。

4. 竹浆、芦苇浆。利用竹浆和芦苇浆配抄箱纸板，其制浆方法大部分采用半化学浆，一方面可提高蒸煮得率，降低成本；另一方面可提高纸板的挺度和环压强度。

5. 美国进口废纸。主要是利用美国进口的废旧瓦楞纸箱，这种废纸中有

90%以上的木材纤维，可提高产品的强度指标。

另外也有采用棉秆、枝丫材或阔叶木通过连蒸−热磨处理生产半化学机械浆配抄箱纸板的。

A、B级的箱纸板一般用20%的商品木浆挂面，底浆采用18%～20%的进口废旧瓦楞纸板浆，或自制阔叶木浆。芯浆可利用自制草浆、竹浆、棉秆浆或废纸浆。C级可采用18～20%的商品硫酸盐木浆挂面，用废纸浆、草浆、竹浆、棉秆浆等混合浆作底浆、芯浆。D、E级可采用废纸、废旧纸箱或半化学草浆来生产。

对箱纸板的施胶可选用白色松香胶或分散松香胶，可采用甲、乙级精制硫酸铝作为沉淀剂，对生产高白度的高级箱纸板使用优级。另外根据用户要求对箱纸板的挂面木浆进行调色，常用的染料有玫瑰红、品蓝、橙黄、嫩黄等颜色。

二、合理的打浆工艺

生产挂面箱纸板要求挂面木浆质量较高，均采用硫酸盐本色针叶木浆。为了提高箱纸板的强度指标及外观质量，采用长纤维半游离半黏状打浆方式。一方面要把纤维束疏解成单根纤维；另一方面要进行适当的切断、分丝帚化，以保证纤维的均整性和结合强度。

采用双盘磨进行打浆，打浆浓度3.0～4.0%、打浆度32°～35°SR、湿重5～8g；对草浆及其他非木材纤维原料纤维平均长度短，纤维本身强度低，因此需采用半游离半黏状打浆的方式，主要通过疏解、分丝、帚化等作用，尽量保护纤维的长度，严禁采用重刀、中刀切断。一般自制草浆打浆度为30°～35°SR、湿重3～5g；对于废纸浆由于多为国内废旧瓦楞纸箱，含有杂质较多，并且废纸又是二次纤维，因此采用的工艺应该是以筛选、净化、疏解为主，尽可能地除去各种杂质，同时还要保护纤维的长度。其打浆度一般控制在35°～40°SR、湿重2.5～4.0g。

瓦楞原纸简介

瓦楞原纸主要是用于生产瓦楞纸的基本材料之一。瓦楞原纸按质量可分为A、B、C、D四个等级，有平板或卷筒纸两种。瓦楞原纸纤维组织应均匀，纸面应平整，纸幅间厚薄应一致。

△ 瓦楞原纸

一、生产原料的选择

生产瓦楞原纸多选用稻麦草浆的粗浆、半料浆、废纸或非木材纤维原料制浆中的筛渣，生产牛皮瓦楞原纸需配用本色硫酸盐木浆。

二、合理的打浆工艺

生产高强瓦楞原纸常采用麦草半化学浆，其打浆浓度为2.5～4.0%、打浆度为22°～30°SR、湿重3～4g。生产牛皮瓦楞原纸多采用草浆和本色硫酸盐木浆，草浆打浆浓度为2.5～3.0%、打浆度为35°SR以下、湿重2.6～3.8g；木浆打浆浓度为4.6～5.4%、打浆度为20°～28°SR、湿重9g以下。

宣纸是怎样发明的

对宣纸的记载最早见于《历代名画记》、《新唐书》等史料。起于唐代，历代相沿。宣纸的原产地是安徽省的泾县。此外，泾县附近的宣城、太平等地也生产这种纸。到宋代时期，徽州、池州、宣州等地的造纸业逐渐转移集中于泾县。当时这些地区均属宣州府管辖，所以这里生产的纸被称为"宣纸"，也有人称泾县纸。由于宣纸有易于保存，经久不脆，不会褪色等特点，故有"纸寿千年"之誉。

民间传说，东汉安帝建光元年（121）蔡伦死后，弟子孔丹在皖南造纸，很想造出一种洁白的纸，好为老师画像，以表缅怀之情。后在一峡谷溪边，偶见一棵古老的青檀树，横卧溪上，由于经流水终年冲洗，树皮腐烂变白，露出缕缕长而洁白的纤维，孔丹欣喜若狂，取以造纸，经反复试验，终于成功，这就是后来的宣纸。

据清乾隆年间重修《小岭曹氏族谱》序言云："宋末争攘之际，烽燧四起，避乱忙忙。曹氏钟公八世孙曹大三，由虬川迁泾，来到小岭，分从十三宅，此系山陬，田地稀少，无法耕种，因贻蔡伦术为业，以维生计"。曹大三继承了前人的造纸技术，经过实践，逐步提高，终于造出了洁白纯净的好纸，因纸的集散地多在州治宣城，故名宣纸。

宣纸的闻名始于唐代，唐书画评论家张彦远所著之《历代名画记》云："好事家宜置宣纸百幅，用法蜡之，以备摹写。"这说明唐代已把宣纸用于书画了。另据《旧唐书》记载，天宝二（743），江西、四川、皖南、浙东都产纸进贡，而宣城郡纸尤为精美。可见宣纸在当时已冠于各地。南唐后主李煜曾亲自监制的"澄心堂"纸，就是宣纸中的珍品，它"肤如卵膜，坚洁如玉，细薄光润，冠于一时"。

宣纸具有"韧而能润、光而不滑、洁白稠密、纹理纯净、挫折无损、润墨性强"等特点，并有独特的渗透、润滑性能。写字则骨神兼备，作画则神采飞扬，成为最能体现中国艺术风格的书画纸，所谓"墨分五色，"即一笔落成，深浅浓淡，纹理可见，墨韵清晰，层次分明，这是书画家利用宣纸的润墨性，控制了水墨比例，运笔疾徐有致而达到的一种艺术效果。再加上耐老化、不变色。少虫蛀，寿命长，故有"纸中之王、千年寿纸"的誉称。19世纪在巴拿马国际纸张比赛会上获得金牌。宣纸除了题诗作画外，还是书写外交照会、保存高级档案和史料的最佳用纸。我国流传至今的大量古籍珍本、名家书画墨迹，大都用宣纸保存，依然如初。

宣纸可分为以下几类：

一、按照润墨效果

宣纸可分生宣和熟宣两类。熟宣是用矾水加工制过的，水墨不易渗透，可作工整细致的描绘，可反复渲染上色，适宜画青绿重彩的工笔山水，表现金碧辉映的艺术效果。

生宣是没有经过加工的，吸水性和沁水性都强，易产生丰富的墨韵变化，以之行泼墨法、积墨法，能收水晕墨章、浑厚华滋的艺术效果。写意山水多用它。

熟宣作画容易掌握水墨，但也容易产生光滑板滞的毛病。生宣作画虽多墨趣，但落笔即定，水墨渗沁迅速，不易掌握。

现在市面上也有一种"半生半熟宣"，也称"煮锤"。一般画山水者喜用半生半熟的宣纸，因其既有墨韵变化，又不过分渗沁，皴、擦、点、染都易掌握，可以表现复杂丰富的笔情墨趣。

熟宣和半生半熟宣，后期或多或少都加入了其他原料成分，在保存期限上，因其加入的材料稳定性难以确定，故一般熟宣不如生宣能够保留得长久。

二、照原材料配比

这是一种通用的分类方法，可分为棉料、净皮、特净（特种净皮/特皮）三大类。

一般来说，棉料是指原材料檀皮含量在40％左右的纸，较薄、较轻；净皮是指檀皮含量达到60%以上的；而特皮原材料檀皮的含量达到80%以上。皮料成分越重，纸张更能经受拉力，质量也越好；对应使用效果上就是：檀皮比例越高的纸，更能体现丰富的墨迹层次和更好的润墨效果，越能经受笔力反复搓揉而纸面不会破。这或许就是为什么书法用棉料宣纸的居多、画画用皮类纸居多的原因之一——并不是不能用净皮、特皮纸写字，而是棉料宣纸已经基本能够满足书法的需要了。

三、按规格分

分为三尺、四尺、五尺、六尺、七尺、八尺、丈二、丈六、丈八、二丈等；纸面的大小，无其他含义。后期又多了诸如：画心、半切、小三尺等纸类的称呼。

宣纸的制作工艺是怎样的：

宣纸的选料和其原产地泾县的地理有十分密切的关系。因青檀树是当地主要的树种之一，故青檀树皮便成为宣纸的主要原料。初期所用原料并无稻草，后在皮料加工过程中，以稻草填衬堆脚，发现其也能成为洁白的纸浆，以后稻草也就成了宣纸的主要原料之一。而稻草中以泾县优质沙田长秆籼稻草为最佳，这是因为此稻草比一般的稻草纤维性强、不易腐烂、容易自然漂白，所以自古便有这样的说法："宁要泾县的草，不要铜陵的皮"。至宋、元之后，原料中又添加了楮、桑、竹、麻等原料，以后扩大到十余种。经过浸泡、灰掩、蒸煮、漂白、制浆、水捞、加胶、贴洪等十八道工序，历经一年方可制成。另外在制浆过程中，还要在纸浆里加入杨桃藤汁，因为在其中含有胶质，可使浆液更为均匀，捞出的湿纸便于叠放，提高出纸率，于是杨桃藤又名猕猴桃，也成了不可缺少原料。

制作过程：

宣纸的生产中心是泾县，它生产的原料是以皖南山区特产的青檀树为主，配以部分稻草，经过长期的浸泡、灰掩、蒸煮、洗净、漂白、制浆、水捞、加胶、贴烘等十八道工序，一百多道操作过程，历时一年多方能制造出优质宣纸。制成的宣纸按原料分为绵料、皮料、特净三大类，按厚薄分为单宣，夹宣、三层夹、螺纹、十刀头等多种。"特种净皮"是宣纸中的精品，

△ 宣纸

具有拉力、韧力强、泼墨性能好等优点，为广大书画家所喜爱。有人赞誉宣纸"薄似蝉翼白似雪，抖似细绸不闻声"。一幅幅图画，一章章文字，皆凭宣纸而光耀千秋。

安徽泾县宣纸的传统做法是，将青檀树的枝条先蒸，再浸泡，然后剥皮，晒干后，加入石灰与纯碱（或草碱）再蒸，去其杂质，洗涤后，将其撕成细条，晾在朝阳之地，经过日晒雨淋会变白。然后将细条打浆入胶：把加工后的皮料与草料分别进行打浆，并加入植物胶（如杨桃藤汁）充分搅匀，用竹帘捞成纸，再刷到炕上烤干、剪裁后整理成张。宣纸的每个制作过程所用的工具皆十分讲究。如捞纸用的竹帘，就需要用到纹理直，骨节长，质地疏松的苦竹。宣纸的选料同样非常讲究。青檀树皮以两年以上生的枝条为佳，稻草一般采用沙田里长的稻草（其木素和灰分含量比普通泥田生长的稻草低）。

在台湾造纸方式，其原料有雁皮，桑树皮等是属于韧皮类，原料经过浸泡，蒸煮，清洗，漂白后筛除杂质，打浆，借以搅拌分离纤维，再加水稀释，放入比例黏剂（分散剂）成浆料便可进行抄纸，抄纸是利用竹帘及木框，将浆料荡入其中，经摇荡，使纤维沉淀于竹帘，水分则从缝隙流失，纸张久荡则厚，轻荡则薄，手抄纸完成后取出竹帘，需以线作为区隔后重叠，并待水分流失部分，采重压方式增其密度，便可进行烘培，烘纸是利用蒸气在密封的铁板产生热度，以长木条轻卷手抄纸，用毛刷整平，间接加热使纸干燥，同时进行品检，就是成品的宣纸了。

合成纸的性能如何

合成纸又称聚合物纸和塑料纸。它是用合成树脂（PP、PE、PS等）为主要原料，经过一定工艺把树脂熔融、挤压、延伸制成薄膜，然后进行纸化处理，赋予其天然植物纤维纸的白度、不透明度及印刷适性而得到的材料。

合成纸在外观上与一般天然植物纤维纸没有什么区别。用合成纸印刷的书刊、商标、广告、纸袋、说明书等如果不标明，一般消费者不会看出与普通纸有什么区别。

一、合成纸的类型

一般将合成纸分为两大类：一类是纤维型合成纸；另一类是薄膜系合成纸。前者是采用合成（纸）浆（SWP，也叫合成纤维浆）或者把合成浆与普通纸浆配比后，在长网造纸机上抄造完成的。由于制造合成浆的工序比较繁杂，抄造时还要加入黏结助剂等，且生产出来的合成纤维纸（专业上为了将它与薄膜系合成纸区分开来，常用此名）应用有限，多用来制作糊墙纸、茶叶袋纸等。所以，尽管早在1947年已有专利出现，至今的影响面都不很大。相反，薄膜系合成纸从一开始就打入高级印刷纸的市场，能够适应多种印刷机印刷，甚至还能用钢笔或铅笔在上面书写，从而赢得青睐。由此可知，现在在市场上我们所说的合成纸，仅指薄膜系合成纸，这种合成纸的品牌也不少，例如日本的"优泊"（YUPO）、美国的"金佰利"（KINBERLY）、英国的"普丽亚"（POLYART）等。

二、合成纸的性能

合成纸的性能取决于它的原料和制法。目前，生产合成纸的原料主要是聚丙烯（也有聚乙烯）和碳酸钙填料等。总的来说，合成纸的优点是：

1. 强度高。合成纸的薄膜基材经过纵向、横向双向延伸处理，其抗张强度、撕裂强度、抗冲击强度、耐破强度都比普通纸高得多，即使在低温冷冻条件下，其强度的稳定性也好。所以在印刷时绝对不会发生"断纸"现象。

2. 优良的印刷性能。合成纸的表面呈现极小的凹凸状，对改善其不透明性和印刷适性很有帮助。能够适合各种印刷方式：如凸版印刷、凹版印刷、柔性胶印、丝网印刷、热转移印花、喷墨印刷等印刷工艺，并且图像再现性好，网线清晰、色调柔和。

3. 尺寸稳定，不易老化。合成纸在空气中或在润湿的状态下，其尺寸不会发生改变，即使在紫外线下照射1000h，该纸的强度和外观色泽也不变化。因此，用它制作的海报、广告等可在户外长期使用。

4. 质轻、耐水、抗化学性突出。聚丙烯合成纸的相对密度只有0.3g/cm3，与相同定量的涂料纸相比，大约轻1/3。这就意味着大大地节省了资源，也减轻了重量，当然印刷品的邮寄费也相应降低了。合成纸浸泡在水中长时间内也不会软化、破损。它能抵抗油脂的渗透，对于稀酸、碱等化学溶液都具有抵抗能力。

5. 具有防虫性和安全性。对于某些需要长期保存的书册、资料来说，蛀虫的侵蚀不可忽视，往往因为一个字或一个标点的"穿洞"而使史料原意全非。合成纸是高分子化合物，不像植物纤维的普通纸，蛀虫对它是无能为力的。另外，合成纸中不含重金属，更适于食品包装。

合成纸也有以下的缺点：

1. 抗热性较差。当温度高到一定程度时（视不同品种而异），纸有可能发生部分软化，这就不利于进一步使用。

2. 耐折度虽然高过普通纸，但是折叠后合成纸面会有难以消失的折纹线，有损于美观。故印制精品图册时要留意尺寸，不可过大。

3. 合成纸的用后废纸回收困难，容易形成"二次污染"。而且目前合成纸的生产成本比普通纸要高一些。

三、合成纸的用途

正因为合成纸的性能优良，所以它的应用范围十分广泛。现在归纳为以下几个方面简要地加以说明。

1. 印刷出版方面

原则上说，合成纸可以用来印刷一切纸张能够承印的产品。为了做到物尽其用，应当考虑这种印刷品的特殊性，例如在海滨旅游地点发行的耐水报刊、旅游观光指南、各种地图（包括航海图、航天图、军用地图）等。室外宣传广告、商业横额、海报、垂幕帘或招牌（这比绸布、棉布更耐久）、汽车窗帘、文件卷宗、台月历、身份证、结婚证等。利用合成纸具有不吸尘、不沾水的特点制成公司或私人名片，小巧雅观又不易破损，被人誉为撕不烂纸做的名片，深受顾客的欢迎。此外，教育挂图、技术图表、电话簿、烹调书籍、餐厅菜单……长期使用又易破损的印刷物，都可以用合成纸来印制。

2. 商业包装方面

使用合成纸制作礼品袋、西服（衣衫）袋、购物袋、轻型包装容器盒等，应有尽有。在食品包装上它更是大有市场，可用来制作成各种冷冻食品、糕点、饮料、药品、化妆品等的包装标签，风干肉制品、干制鱼、乳酪点心盒的垫纸，外包装用的粘贴装、捆束带和悬挂带等。

3. 加工纸类方面

利用合成纸的尺寸稳定性好，耐水性、平滑度、白度高等特点，可以把它进一步加工成晒图纸、无碳复写纸、第二底图纸、复印纸、病历卡纸、无尘纸、制图纸、测量记录纸、穿孔卡片纸、高尔夫球记分卡纸等。据说，有的国家专门用合成纸制成选票纸（防止有人捣鬼）、债券纸等。

4. 建筑用材方面

合成纸作为建筑上使用的壁纸，可以搞出许多花样来，例如，各种远古图案、大海波涛、草原晨曲、森林朝霞等。各种家具（床头柜、大衣柜、化妆台）的饰面纸。茶几上的垫布纸、饭桌上的桌布纸等。在日本还把合成纸加工成拉门隔扇纸，这是一种特别的应用。

5. 其他利用方面

由于合成纸具有纸张的印刷和加工能力，又有塑料的特殊性能，因此用它制作许多小而轻巧的制品，更有"胜人一筹"之感。以合成纸做货架吊牌、送货传票、花卉、电器、衣服的挂牌、汽车、送货车、自行车的牌照，参观门票、瓶盖垫片，扑克牌、咖啡杯垫、模型飞机等，不胜枚举。

四、合成纸的印刷

合成纸的吸收性比普通纸要差，表面平滑度和铜版纸类似，属于高平滑度材料，其白度较高，具较好的颜色表现能力。

合成纸可以采用平印、凹印、凸印、丝印、柔性版印刷等方式进行印刷。

但由于合成纸的吸收性很小，表面又很平整，在油墨附着、润湿、干燥等方面较普通植物纤维纸要差得多。因此，合成纸印刷要特别注意以下几点：

1. 平版胶印。

不能使用以渗透干燥为主的胶印油墨，因为合成纸几乎不渗透油墨。要采用专用的合成纸胶印印刷油墨。现在国内主要油墨生产厂家都有相应的专用油墨可选用，也可采用紫外线干燥油墨。

润版液采用酒精润湿液最佳。如果采用普通水性润版液供水量应尽可能小。

由于油墨干燥慢，要采用外部干燥措施以促使油墨快速干燥，如采用光干燥、热风干燥等，印刷时还应多喷粉，收纸堆放不能太高，勤收纸，以防止蹭脏。油墨墨层应该尽量薄些，太厚的话，会导致干燥慢及粘页。

2. 采用凹版、柔性版印刷时，印刷条件几乎与普通的塑料薄膜的印刷相同，且对油墨适印范围广，相对来说比塑料膜印刷更容易。所有的塑料油墨都可用，干燥可以采用热风干燥，温度要低于80℃。

3. 用丝网印刷时，注意不要选用含有石油类溶剂的油墨。

防伪纸有哪些

防伪纸根据不同的用途主要分为以下几种：

一、印钞纸。钞票等有价证券所用的载体——纸张不同于一般印刷纸，尤其是印制钞票的纸均采用坚韧、光洁、挺括、耐磨的印钞专用纸。这种纸经久耐用，不起毛、耐折、不断裂。其造纸原料以长纤维的棉、麻为主。

二、无荧光专用纸。一般纸张在紫外光照射下均显有荧光。于是印钞纸及一些有价证券或票据则采用无荧光的专用纸防伪。如各国的纸币、护照以及一些票证的纸基均无荧光，这样更容易显露出附加暗记的荧光图文。

三、有痕量添加物的纸。利用生物具有抗原抗体特异反应的原理，将极微量的抗原加入纸浆或纸张的某一局部。检测时用相应的特异性抗体与之结合，通过显色、荧光等标记物反应的有无来辨别真伪。也可在纸中加入痕量化学元素分辨真假。

美国在研究开发一种特殊人造纤维或用基因棉花造纸、印制美元防伪。

有一种化学加密纸是在纸浆中加入或是在纸张表面施胶时在胶中加入了特殊的化合物。这种化学加密纸当涂上特定的化学试剂后可显色或显现荧光。据报道，在国外有一种球赛的门票就是用这种纸印制的，检查时只要拿浸有特制试剂的笔在票面上画一下，画过处真品即显示黑色笔迹，假门票则无，以此可辨真伪。

四、带水印纸。造纸过程中，在丝网上安装事先设计好的水印图文印版，或通过印刷滚筒压制而成。由于图文高低不同，使纸浆形成厚薄不同的相应密度。成纸后因图文处纸浆的密度不同，其透光度有差异，故透光观察时，可显出原设计的图文，这些图文即称之为水印。水印有固定水印、半固定水印及不固定水印三种。

△ 防伪纸币

固定水印必须固定在纸币、护照、证件等主体的一定位置上，而且通常要与肉眼可见的印刷图文或其他防伪措施匹配准确。半固定水印每组水印之间的距离、位置均固定，各组在纸上呈连续排列，故也称连续水印，这种水印多用于专用的纸张。不固定位置的水印分布于纸张或票面的满版，故也称满版水印。

五、纤维丝、彩点加密纸。

造纸时在纸浆中加入纤维细丝或彩点。掺入纸浆中的纤维有彩色纤维与无色荧光纤维两种。前者用肉眼即可在纸面看到；后者及彩点必须在紫外线照射下方可显现，其颜色有红、蓝、橘红等，其形态可粗可细、可长可短，依设计而定。有的纤维是在纸张未成型前撒在纸面上。纤维与彩点在纸中的位置一般都是随机分布的，因此其疏密、嵌露的多少各异。也有固定位置的，如美国1928年以前印制的美元，红蓝两色纤维只分布在票面正中的一条狭长区域内。

六、带安全线的纸。在抄纸的过程中，在纸张的特定位置上包埋入特制的金属线或不同颜色的聚酯类塑料线、缩微印刷线、荧光线。对光观察时可见有一条完整的或断续（开窗）的线埋藏于纸基中。线的形状有直线形、波浪形、锯齿形等纹路。

最早的中文报纸产生于何时

报纸，按照现在的说法，它是以广大民众为主要读者对象，刊发新闻、消息、文章、议论和广告，采用单张或多张形式，按期连续出版发行的印刷品。一般是每天出版一次的日报、晚报；也有每隔一两天出版的双日、三日刊；还有每周或十天出版一次的周报、旬报等，五花八门，报种繁多。由此看出，现代报纸应具有的四大特征为：一是读者覆盖面广；二是刊载的资讯多；三是单页印刷、不必装订；四是按时定期出版。故而凡是符合上述四个条件者即可划归为报纸类。至于纸面尺寸可大可小，并未有统一的要求。

那么，报纸究竟起源于何时何地，最早的报纸是个什么样子，它是怎样出版的？迄今虽然还没有一个大家都"首肯"的结论，但是，查阅一些有关资料，能够获得如下清晰的印象：中国是文明古国，这是众所周知的。早在我国汉朝时官府、宫廷内曾流传一种"邸报"，它是向各地诸侯通报朝廷情况的媒介物。不过，那时处在我国造纸发明初期，竹简、缣帛同时流行，不可能用纸来出报。推知"邸报"有可能是用缣帛抄写的。若拿报纸的特征来应验，如说汉朝时我国就有报纸出版，实在有过于牵强之嫌。据《中国古代印刷史》（罗树宝编著，印刷工业出版社1993年版，第92～93页）一书中介绍，唐玄宗开元年间（713～741）在京都长安出现了用雕版印刷的《开元杂报》，形式是单页纸，每页13行，每行最多15字，字大如钱，有边线界框而无中缝。内容是某日皇帝"亲耕籍田，行九推礼"。某日皇帝"自东封还，赏赐有差"，某日宰相与同僚廷争一刻。如此凡数十百条——皆开元政事，由朝廷分发。如果以上记载属实，这还真有点"报纸"的味道。所以，有人认为，最早的报纸始于中国唐朝时的长安。由于没有实物佐证，猜测所用的纸可能是唐代社会用得最多的麻纸或皮纸了。此后，在唐僖宗三年（876），又有抄录"进奏院"的官报，单页正文60行，用第一人称写法报道了沙洲（今甘肃敦煌一带）节度使张淮深派遣使团到唐王驻地交涉为他任职之事。还署有作者（进奏官）姓名：夷则。这样看来，我国古代的"报纸"多由皇宫主持，其读者范围逐步扩大，通报的内容和形式也逐渐变化。

我国近代报纸兴起于清朝咸丰八年（1858），是把当时香港的英文报——《字林西报》，由广东新会人伍廷芳（1842～1922）等人翻译部分内容而出版的中文晚报。开始使用小型铅活字印刷机，每小时只能印报纸100份左右。到了光绪年间，从国外进口了各种印刷机，各地报纸纷纷创刊，致使报纸印刷获得了长足的进步，每日印报纸竟达数千余张。

至于国外，报纸出现的时间比较晚。17世纪初（1609），由德国的沃尔费特城出版了一种周报，报名为"艾维苏"时务报。它是利用谷腾堡发明的活字机印刷的。接着，法国的第一张报纸是1631年5月30日在巴黎问世的。但是，这只是见于历史书上的记载，原报没有保存下来，也不清楚它到底是什么样子。综上所述，可知报纸最早诞生于中国，开始时读者面较小，内容主要是官场、宫廷之内的动向。开始由人手抄写，恐怕也不那么"定期"，只有在进入到印刷时代（包括从雕版到活字版）之后，报纸的发展才真正走上轨道。

早期的报纸用纸，什么纸都行。大约在1930年前后，因报纸的销量大增，为了缩短出报时间，提高出报效率，再加上卷筒轮转印刷机问世，使得报纸"一日千里"，出现多种外国报纸。如此一来，社会大众对报纸的印刷质量要求日益增长，为稳定订户和扩大销售起见，报社对纸张又有了新的规定，造纸厂也随之深入调研，开发出专供报社使用的印刷纸——取名为新闻纸（newspaper）。

报纸兴起后，对社会、文化等都产生了深刻的影响。大家不约而同地去订报、读报，继之而起的是剪报、藏报。这样便丰富了人们的精神生活。报纸印刷、出版前后，需要建立专门机构，有人做编辑、记者，报道国家大事，反映读者呼声，揭露不良现象；还要有人组织发行。而大量的广告业借助报纸蓬勃发展起来，既宣传了企业，又帮助了报社。于是乎，报业成为一个文明国家、发达社会不可缺少的行业之一了。

中国纸牌的起源

　　俗话说："人生四件事，吃穿睡和玩。"玩就是游戏，是调节生理、心理不可缺少的手段之一。玩具的诞生是人类社会发展到一定阶段的历史产物。当人们生活中出现了空闲时间，需要休息、娱乐的时候，就要求满足玩的欲望。玩的形式有多种，其中纸牌是一种广泛、雅致、高级的玩具，它的普及率很高。

　　所谓纸牌即用纸做成的、供人们玩耍的一种简单物品。换言之，纸牌是采用纸来设计制成的，它的物质基础是必须有可用的纸。我国是纸的发明国，那么纸牌首先出现在华夏土地上，则是顺理成章的事。中国纸牌始于何时？说法有多种，不必一一列出，今举两例介绍之。

　　纸牌在古时名为叶子戏，又叫叶子格，简称叶子。关于叶子的兴起有两种观点：第一，据《太平广记》引《咸定录》载："唐李郃为贺州刺史，与妓人叶茂莲江行，因撰骰子选，谓之叶子戏，咸通以来，天下尚之。"按叶子即纸片，用它代替骰子做戏。又，唐·欧阳修（1007～1072）《归田录》称："叶子格者，自唐中世以后有之……骰子格本备检用，故亦以叶子写之，因以为名尔。"按：当初书籍由卷轴改成单页时，为检阅方便，以叶子记事。另有《湉水燕读录》云："唐太宗问一行世数，禅师制叶子格进之，叶子言二十世李也。"按：以叶子二字作谜语，"蘗"（叶字的繁体）与"子"连起来读是"二十世李（皇帝）"，犹似今日用纸牌算命之游戏耳。总之，大多数人认为：中国纸牌最早始于唐朝中叶（712～756），为长条形，后来又以画笔添上或雕刻印上文字和图案；第二，据《农田余话》曰："今之叶子戏消夜图，相传始于宋太祖，令后宫习之以消夜。"又，《诸事音考》中说：宋朝宣和二年（1120），有牙牌——即日后流行的扇儿牌。

牙牌的单位为扇,是在纸上画有符号和形象,或纸质刻印。符号有"天"、"地"、"人"、"和"之名。后来又演变为"花"、"索"、"万"、"白"之叶子戏。

由此可知,纸牌出现于民间至迟是在唐代中期,其后随经宋、元、明、清各代而发展,一直延绵到今天。有趣的是,纸牌上的花样更是五花八门。据明·陆容《菽园杂记》曰:"叶子之戏吾昆城上自士大夫,下至童竖皆能之。予游昆庠八年,独不能此,人以拙嗤之。近得闻其形制,一钱至九钱各一叶,一百至九百各叶。自万贯以上,皆具人形,万万贯呼保义宋江,千万贯行者武松,百万贯阮小五。"以明代小说《水浒传》中的梁山好汉们上牌,堪称一绝。这比美国在打伊拉克战争中,用扑克牌通缉他们要抓的伊拉克高官的方法,要早1000多年哩。

纸牌是用什么纸制作的呢?据清代《锡金物产录》一书介绍,邑(无锡)之东亭镇出产纸牌,颇负盛名,裱糊讲究,打蜡光……纸牌制作,用江西连史纸裱成,加印花纹后,又用蜡磨光,底背用羊脑染黑制成缎纹,最后用模打切成形。由于那时纸张的厚度不够,因此必须使用多层纸进行裱合。而在现代早已能够生产适用的、不同厚度的纸板,不必再行加工,用它制作纸牌则毫无问题。

中国纸牌流传至西方,大约是13世纪意大利人马可·波罗访问中国,在游览中他对纸牌产生了很大的兴趣。回到威尼斯以后,他向欧洲人详细地介绍了中国人的这种奇妙的纸牌游戏,并与大家一起玩起来。此后,尽管西洋纸牌中的图案不断更新,但始终保留了中国纸牌的痕迹。如中国纸牌中有果实、孔钱的图样,西洋纸牌中也有黑桃、方块的图形;中国纸牌中有女官、老臣的头像,西洋纸牌中也有Q、K的图形。

西洋纸牌(Playing card)按音译应为"扑克",可是我们习惯称为"扑克牌",连上海辞书出版社出版的《辞海》(1979年版缩印本,第663页)中也是这么印的。2005年有一次李敖先生在香港凤凰卫视中文台的电视节目中说:"要么叫扑克,要么叫桥牌,叫扑克牌是不通的。"这话有点偏颇,还是约定俗成好些,所以我还是服从大家,仍称扑克牌。起初西洋纸牌上画的图形是宝剑、盾牌、酒杯、钱币和指挥棍。15世纪德国人玩出花样，纸牌上画的是橡果、红心、钟表、树叶。法国人不买账，又另搞一套，把砖头、金花菜、风箱、梳子、鹦鹉、孔雀、猴子等也画上去了。一时间，不同国籍的人士互不识牌，只好各玩各的。

16世纪，法国由皇室出面成立纸牌研究中心，提出了新的设计方案：削枝强干，简明醒目。全牌分为红黑两色和四种图形，即按我国的通称叫做黑桃、红心、梅花、方块等。这4个图形的原文原意是：Spade即铲子（黑桃）、Heart即红心、Club即棒棍（梅花）、Diamond即金刚钻（方块）。每种13张，做到统一规范。依次从A（Ace，么点）、K（King，国王，13点）、Q（Queen，王后，12点）、J（Jack，卫士，11点）直到10、9……2，共计有牌52张（大、小鬼即丑角两张，是后来补进去的）。10以下是数字，10以上是人物。

这些人物：黑桃K是公元前1055～1015年以色列国王戴维特，黑桃Q是希腊女神帕拉丝，黑桃J是国王的武士基尔。红心K是法国老国王查理曼，红心Q是他的王后朱娣丝，红心J是他的卫士（独眼）杰克。梅花K是埃及法老亚历山大，梅花Q是希腊维多利亚女王，梅花J是女王的青年保镖韦德。方块K是古罗马的统帅恺撒大帝，方块Q是法国著名的女歌手拉奇丽，方块J原是查理曼的侄子、谋士罗伦达，后改为希腊神话中的太阳神阿波罗的儿子海克多。

17世纪以后，原本有姓有名的人物，逐步发生了变化。由于经过扑克牌制造厂商的"美化"设计，"时过境迁人已非"。故而后来出品的扑克牌上已经脱离了原貌，K、Q、J分别变成了老人、妇女和青年了。纸牌上的变化反映了一个时代的文化背景和民族精神的变化。

现在，扑克牌的玩法很多，如打桥牌、百分、拱猪、斗地主等。还有利用它来算命、碰运气，等等。外国传入的扑克牌风行神州大地，而中国纸牌反而落到了很少有人问津的地步。这种现象难道不值得深思一下吗？

纸币产生于何时

　　谁都知道钞票就是纸币。可是，为什么我们常把纸币叫做钞票呢？并非人人都很清楚明白。这要从头开始，远的不说，早在纸币尚未诞生之前，我国曾经长时间以贵金属为货币单位，像金元宝、银元宝、铜钱等。那时候根本没有"钞票"这个词儿。久而久之，在流通过程中产生困惑：一来是这种货币的重量大，携带、清点均感不便；二来是铸造时耗费的金属过多，成本负担太大，便想着用其他办法来代替。一张纸，量小质轻，成本很低，很自然地成为首选的目标。

　　时光飞逝，到了北宋景德二年（1005）在益州（今四川成都）地区的民间商会，自发地使用一种用纸刻印的所谓"交子"，作为丝麻稻麦等商品的兑换凭证。这可能是最早纸币雏形的开始。过后，南宋绍兴三十一年（1161）由高宗皇帝下令改发新币——会子，使用范围逐渐扩大。辽、金割据局面形成后，金代贞元二年（1154）因库存铜、银减少，便拟仿宋朝的交子，发行一种取名为"钞引"的货币。此钞按使用铜钱的习惯，有大、小钞两种，大钞单位唤作"贯"；小钞单位唤作"文"。一贯等于1000

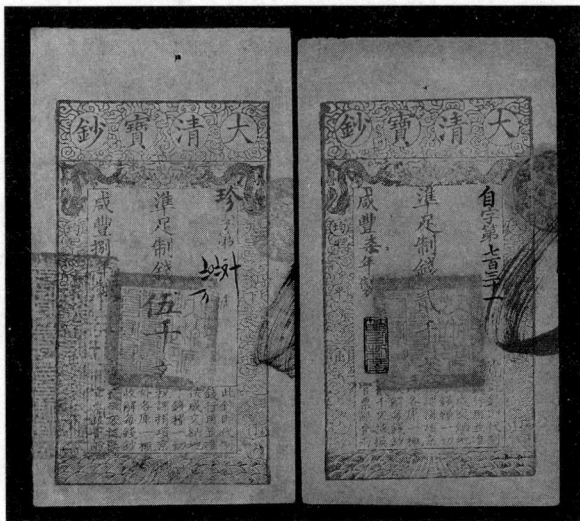

△ 中国最早的纸币是交子。

文。因以纸印制，亦称之为票。不过，当时民间叫它钱票，权当是货物交换的媒介物。

忽必烈灭宋以后，元朝至元八年（1271），大量发行"至元通行宝钞"。据意大利人马可·波罗在其游记中介绍（他于1275年到达中国），元朝的纸币是用桑皮纸印制的，纸上盖有朱红色的官印，上边告示：不得拒用或伪造，否则朝廷杖以极刑。明朝洪武年间（1385）发行"大明通行宝钞"。这种宝钞的实物曾在北京故宫博物院展览过，纸面蓝色、墨字、红印。其长度34cm、宽度27cm，比现在的A4复印纸还要大，纸面实在是太大了。清朝咸丰三年（1853），官府发行大清宝钞和户部官票，并把这两者合称为钞票。于是，纸币便由交子演变至此，合而成为钞票了，这也就是钞票的由来。

顺便提一下，元朝的宝钞随着蒙古的骑兵西行远征，流传到了波斯国（今伊朗）。1294年，波斯国王发行的纸币几乎完全照抄元朝纸币。甚至把汉字"钞"也原样照印。由此出现了一个有趣的现象，在波斯纸币上既印有阿拉伯文，也有汉字，还盖有中国式的印章。不久，纸币又由中东流传到了欧洲。西方第一次发行的是瑞典纸币，时间是1661年，纸币上除有花纹边框外，只有编号和总管者的签字。由此可知，纸币的发源地是中国，也可以说，我国是世界上发行纸币最早的国家。

早期对钞票的认识是很模糊的：一是用来印钞的纸不讲究，例如大明通行宝钞曾用过麻纸。据化验分析，其中含有麻和树皮纤维，纸面相当粗糙，与明朝时通用的一般麻纸几乎没有区别。这样就给伪造者以可乘之机；再就是随便滥印钞票，误以为多多益善。又如明朝末年朝廷财政困难，就大量印制钞票，导致纸币贬值，通货膨胀。其结果是清朝建立后立即弃用钞票，恢复使用银两和铜钱，又走上了回头路。

历史的经验是值得记取的。鉴于钞票的特殊价值和金融地位，决定了它不能够也不应该使用普通纸来印制。因此，后来世界各国的纸币都选用一种专用纸——钞票纸。源于安全等方面的理由，各国的钞票纸配方是绝对保密的。但其基本特性和要求，如拉力极大、坚实挺直、耐折耐磨、泡在水里不易损破、遇明火不易燃烧（只是冒烟焦化而不出现火焰）等，大体上是相同的。与此同时，相应的配套措施如钞票的雕刻制版、特种油墨调配、凹印工艺确定等，也要跟上。使印出的钞票成品——线条清晰、图案复杂、墨色柔润、久不褪色，并有立体感等。同时还要考虑加入多种防伪方式（如加水印、安全线、开金属窗、印荧光暗记、变色标记等，以保证纸币市场的稳定和安全）。从理论上讲，货币是固定地充当一般等价物的商品，纸币是用来交换商品等值的中间体。人们之所以接受和使用一张张经过特殊印刷叫做钞票的纸，是相信它能够代表国家的黄金储备和政府的郑重承诺。也就是说，公民可以随时地把钞票兑换成它所象征代表的等量金银，并且不会受到欺骗和贬值。也相信它和金银一样可以在市场上用来购买所需要的货物或商品。因此，政府每年印钞的数量都不能够超过自身的经济实力，否则将会引起重大的金融危机。

根据《中国人民银行法》的规定："中华人民共和国的法定货币是人民币。"从1948年12月1日中国人民银行成立时开始，发行第一套人民币。1955年3月1日，开始发行第二套人民币。1962年4月15日，开始发行第三套人民币。1987年4月27日，开始发行第四套人民币。1999年10月1日，开始发行第五套人民币。人民币的单位为元（圆），简写是RMB（renminbi），辅助单位为角分。目前市场上流通的人民币共有13种券别，即1、2、5分；1、2、5角；1、2、5、10、20、50、100元。按照材料的自然属性划分为金属币（硬币）、纸币（钞票）。无论纸币、硬币均等价流通。按照中国人民银行的决定，第三套及以前的人民币早已停用、收回。目前，市面发行的主要有第五套人民币。

专家指出：纸币的设计要体现世界性、永久性、民族性、艺术性和防伪性，并要求能够反映本国政治、经济、文化的特征。因此，应当使用本国生产的钞票纸来制作纸币，过去那种请求外国来代印中国钞票（用外国的纸和印刷机）、"吃了大亏"的日子，已经永远地一去不复返了。

自从钞票问世以来，由于制作伪钞会带来高额的利润，一些不法之徒铤而走险，假钞案件屡见不鲜。纸币比黄金、白银更易做假，尤其是复印技术发展，可使假币乱真。所以，政府有关部门除了对制假钞的罪犯进行严厉打击外，还要多方面想办法，为纸币的今后走向采取措施。

从纸张与钞票的关系来看，今后走向何方？如同古时候沉甸甸的元宝后来被轻巧的纸币所取代一样，现代经济活动中已经出现了"电子货币"。在计算机普及的今天，这是科学发展的必然结果，也为银行业开拓了一个崭新的生存空间。所谓电子货币，就是利用电子信息流通系统进行网络通信，进行银行户头之间的转账和结算活动。具体一点说，就是用一张纸塑性的小磁卡来代替一部分钞票。换言之，人们在经济、交易活动中只需要把磁卡"刷"一下，就完成了支付过程，不用点钞，简捷方便。当然，使用电子货币至少要有三方参与：发卡银行、销售方、持卡人。而销售方则包括许多：商业、餐饮业、娱乐业、宾馆、服务业等行业。电子货币的优点日益显露，如不需要动用大量的钞票，省去清点、运送、保管等手续，而且安全、可靠。但还存在人为的因素（如收取多少手续费等），推广尚待时日。不过可以预见，作为经济活动中传统的手段——钞票，将会从主导地位慢慢地退至辅助地位了。

不久前，有人考虑利用在人体安装"芯片"来取代磁卡，只需用手指一摸就行，从而避免了磁卡的丢失、偷用等弊病。但是，芯片究竟能够发挥多大的作用，在支付款项、转账、记数等流通过程中会不会发生障碍，如何保证准确无误地运行，以及对人体健康有无影响等。诸如此类的很多问题，都还没有肯定性的结论，只好拭目以待。这些未知数要视今后研究、开发的进展情况，再议其前景了。

废纸造纸起于我国宋代吗

　　当今，世界造纸工业所用的造纸原料中，废纸已占有总量的39％左右，而且还在继续增大。各国的废纸回收率和利用率也在不断提高，在20世纪以前这是难以想象的。因为那时候，欧洲和美洲各地的树木非常多。尤其是针叶木，是制浆造纸的优良原料，可随意采伐。纸是质轻价廉的日常消费品，而废纸"不值一文"。早期的西方造纸业主从未想过要拿它来重新造纸。

　　然而，弹指一挥间，百年已过去。谁也没有料到科技这把双刃剑，竟把全球的森林砍得七零八落。人们惊呼：禁伐森林，拯救森林！要求保护自然资源和生态环境。造纸工业的原料供应遇到了前所未有的大难题。怎么办？思前想后，只好求助于废纸了。

　　据有关资料介绍，每使用1吨废纸大约可节省原木700kg，节碱300kg，节煤600kg，节电800kW·h，节水150m3，由此可知，废纸造纸的好处。那么，废纸造纸究竟是什么时候、由谁带头搞起来的呢？可以从两条路线去寻觅：一条是东方，查阅中国的有关古籍；另一条是西方，翻读欧美的有关文献。

　　经查元代·马端临（1254～1323）编撰的《文献通考·卷六》（1307年成书），书中记载："南宋（1127～1279）湖南漕司根刷举人落卷，及已毁抹茶引故纸应副，抄造会子。"这段话的意思是，在宋代（南宋）时湖南运输管理部门利用落榜举人的考卷纸和包装茶叶的说明书等废纸，一起掺入新纸浆中抄造成印"会子"的纸。会子是当时户部发行的纸币，相当于今天的钞票。推知上述的两种废纸的质量不会太差，所以加进去再造纸也无大碍。为什么要这样干？原因有多种，如因原料一时供应不上；或因觉得废纸还可再用；或因有意当做确认标记而加入废纸等。但不管怎么说，即使无意之中也是主动地为用（少量的）废纸造纸"首开（了）先河"。当然，或许这还不是最早的，但已经有"白纸黑字"作为证据。因此还是那句话，至少在宋代（即12世纪，距今800多年前）我国已经使用废纸造纸了。

另外，在我国明代（距今300多年前），废纸早已成为我国造纸原料的另一来源。《天工开物》中记载了用废纸脱墨造"还魂纸"（今称再生纸）。《天工开物》是1637年成书的，宋应星写道："其废纸洗去朱墨污秽，浸烂入槽再造，全省从前煮浸之力，依然成纸，耗亦不多。南方竹贱……不以为然；北方即寸条片角在地，随手拾取再造，名曰还魂纸。"所言不释自明。清代还出现了收购废纸的小贩。

然而，纵览现今发表的不少废纸利用的文章，对于究竟是何国何人最先利用废纸造纸或是干脆避之不涉，或是笼统言之"废纸造纸大约起在一百年前"（不知有何根据），真叫人未知所云，也实在令人"感慨万千"。

在西方，利用废纸造纸至少比中国还要晚约600年。1800年英国人库普斯首次开始用废纸造再生纸实验获得成功。当时，对废纸还有一定的要求，如不能太脏、纸上的字迹不能多等。因那时造纸机还在孕育中，故仍采取手工抄纸，所试抄的纸的数量也少，纯属探索试验。

1874年，德国首先使用碎纸机器，因为考虑到回收来的废纸可能带有细菌，必须事先进行处理。于是，一些德国公司便投资研制废纸的净化机械，计有半干式的疏解机、打碎机、碾磨机等。从而使对废纸的处理逐步进入机械化作业（包括后来又有水力碎浆机）。

1905年，德国人亨利和皮茨基，首先发明废纸脱墨技术，扩大了废纸的应用范围。当时使用的脱墨剂很简单，一般是用碱加肥皂等，后来又用上了水玻璃。直到20世纪70年代，全球造纸业掀起了"废纸再生工程热"，对废纸造纸进行了大量、深入地研究，并投入工业化的生产。

木浆造纸毁林吗

　　目前社会上有一种看法，以为好纸一定是拿树木加工制成的，多用纸就会破坏树木，少用纸就能拯救树木。造纸几乎成了砍伐树木的"祸首"。世界森林资源的日益匮乏，似乎主要是由于发展造纸业所引起的。笔者觉得这种认识有必要予以澄清，避免以讹传讹，贻害大方。

　　首先，树木是一种应用很广的自然资源。众所周知，在建筑、家具、交通，乃至薪柴等方面都要派上用场。即使造纸不用树木，其他行业也要用，不砍伐是不可能的。何况树木有再生性，经过栽培还可长大，弥补不足。当然，不能滥伐，要有计划、有目的地分期砍伐，实现良性循环。

　　其次，树木受外部环境影响较大。因为它的生长周期长，有可能受到火灾、台风、雷击、虫害等自然摧残，甚至还有毁林开荒的破坏。仅以火灾来说，除了人为引起的森林大火之外，还有不以人们意志为转移的"自燃"现象。以上都有可能导致树木"减产"，这跟造纸没有直接关系吧。

　　当然，树木确实是现代化造纸厂的好原料。因为树木生长集中、数量大、纤维品质好，比起其他原料（如麦草、稻草）更利于集运和加工，相对生产成本较少。尤其树木造纸对环境的影响小、容易治理。所以国际上树木造纸早已成为主流。如何既保护森林资源，又能大力发展造纸业，在一些造纸工业比较发达的国家已有成功的经验。如芬兰、瑞典等国早就实行"植树造纸一体化"，并辅以"砍一（棵树）、种三（棵树）"的法令，维系着树木和造纸的良性循环，于民于国双有利。

　　再次，从某种意义上说，造纸技术的发展史，也就是造纸原料的变迁史。历史事实表明，树木（木材纤维）是造纸原料的主要来源。不过，随着造纸工业的进步，木材供应紧张局面加大。到了20世纪70年代，加上"环

△ 大自然森林

保"呼声高涨。对于树木价值的认识，不能只限于拿取多少木材造纸这一层面。还应该从生态学的角度去观察，树木成林之后，在涵养水源、保持水土、调节气候、减少沙尘、净化空气、维护生态平衡等许多方面，都具有十分积极的功效和作用。因此，砍树造纸问题必然引起世人的普遍关注，这是可以理解的。

全世界的森林总面积约为38亿平方千米，森林覆盖率为29％。而森林总储蓄量是2328亿立方米，其中针叶树是1140亿立方米，占49％，阔叶树占51％（引自1999年资料）。一般而言，针叶树约需50年成材，阔叶树至少是15年成材（速生林不属此范围，另当别论）。这么长的生长期，真叫"造纸人"望眼欲穿。

自然界原本有三种资源：第一种是不可再生资源（如煤、石油）；第二种是可再生资源（如树木、一年生植物）；第三种是永生资源（如空气、太阳能）。与我们有关的是第二种，其中树木是"重中之重"。既然造纸离不开树木，何不在树木生长上多做些文章？听一位去加拿大访问过的先生说，该国的有关机构正在采用生物工程技术，研究各种造纸原料，其中要解决草类纤维的问题有两个：一个是降低草中的硅含量；另一个是培养草内的长纤维、减少杂细胞。

近年来，生物科学与工程获得了长足的进步，特别是细胞技术、基因技术、多倍体技术等，大大地扩展了我们的视野。许多科学工作者孜孜不倦地探求其中的奥秘，取得了不少成果。所谓细胞技术，就是在细胞组织的水平上，对植物（含树木）的遗传基础进行改造。例如，在树木的育苗中，通过

"体细胞遗传操作"，利用植物激素的搭配和浓度调节，使植株的后代获得明显的再生优势，从而避免出现"畸形苗"或"玻璃苗"。所谓基因技术，是在植物分子水平上，进行外源基因重组，实现基因转移，打破常规育种不亲和性等障碍。这种超远缘育种，甚至有可能消除草本植物与木本植物之间的"界限"。英国和瑞典的科学家早在1995年便成功地实现了把发育基因转移到欧洲山杨中，从而使这种树的成熟期由10年缩短到1年。而且分离出来的这种基因，可使山杨纤维比普通杨树纤维的性能强很多。所谓多倍体技术，是通过新的育种方法，在杂交和杂种这两个世代之后产生的新树种。早在20世纪50年代的三倍体无子西瓜和三倍体甜菜，生产上的潜力是很大的。其后，20世纪70年代末和20世纪80年代初，八倍体植物育种已经取得重要的突破。可望在此基础上通过人工诱导多倍性，则能够从现有的植物中挖掘并发现新的植物品种资源。换句话说，改变原有树种的属性，让它们生长快、纤维品质佳，而且可以轮伐、嫁接、引种、移地。总之，可以按照造纸的需要去人工促成生长，到那时候，人们不会因树木减少而烦恼。

综上所述，树木与造纸并不矛盾，不能妄说造纸是树木的破坏者。相反，大力推行"林纸一体化"，为发展造纸工业而大量植树造林，保持生态平衡，那么树木与造纸不仅不是"敌人"，而会成为好朋友。